# ExcelとRで学ぶ
# ベイズ分析入門

Conrad Carlberg ［著］ 長尾高弘 ［訳］ 上野彰大 ［日本語版監修］

# Bayesian
## Analysis with
## Excel and R

マイナビ

# BAYESIAN ANALYSIS WITH EXCEL AND R

●本書のサポートサイト
本書のサンプルプログラム、補足情報、訂正情報などを掲載しております。適宜ご参照ください。
https://book.mynavi.jp/supportsite/detail/9784839984342.html

・本書は執筆時の情報に基づいて執筆されています。本書に登場する製品やソフトウェア、サービスのバージョン、画面、機能、URL、製品のスペックなどの情報は、すべてその原稿執筆時点でのものです。執筆以降に変更されている可能性がありますので、ご了承ください。
・本書に記載された内容は、情報の提供のみを目的としております。したがって、本書を用いての運用はすべてお客様自身の責任と判断において行ってください。
・本書の制作にあたっては正確な記述につとめましたが、著者や出版社のいずれも、本書の内容に関してなんらかの保証をするものではなく、内容に関するいかなる運用結果についてもいっさいの責任を負いません。あらかじめご了承ください。
・本書に記載されている会社名・製品名等は、一般に各社の登録商標または商標です。本文中では©、®、™等の表示は省略しています。
・日本語版では、原書をもとに、日本向けに独自の編集を加えております。原書の内容と同一ではない部分がありますこと、あらかじめご了承ください。

# 著者について

　コンラッド・カールバーグ（Conrad Carlberg）は計量分析の専門家、データアナリスト、Microsoft Excel、SAS、Oracleなどのビジネスアプリケーションのエキスパートとしてアメリカ国内で全国的に知られた人で、博士号保持者です。*Business Analysis with Microsoft Excel*（Microsoft Excel によるビジネス分析）（第5版）、*Statistical Analysis: Microsoft Excel 2016*(Microsoft Excel 2016 による統計解析）、*Regression Analysis Microsoft Excel*（Microsoft Excel による回帰分析）、*R for Microsoft Excel Users*（Microsoft Excel ユーザーのためのR入門）など、多数の書籍を執筆しています。

　カールバーグは南カリフォルニア出身で、大学入学時にコロラド州に移り、そこでさまざまなスタートアップで仕事をしたり大学院に通ったりしていました。その後、中東に2年滞在し、コンピューター科学を教えていました。

　1995年にビジネスの意思決定で計量分析を活用したい企業向けに設計、分析サービスを提供する小さなコンサルティング会社を始めました。それは、現在「アナリティクス」という言葉で呼ばれるようになったアプローチです。彼はこれらのテクニック、特に世界でもっとも多くの人々に使われている数値解析アプリケーションであるMicrosoft Excelを使った方法についての執筆活動で活躍しています。

# はじめに

本書には、読者のみなさんにあらかじめ知っておいていただきたいことがいくつかあります。ハミルトニアンモンテカルロ法（HMC）、共役関係、事後分布といった用語がすでに当たり前に使える方は、本書は不要でしょう。あなたはすでにこれらのテーマについての知識を豊富に蓄えており、もっと知りたいことがあればどうすればよいかもご存じのはずです。

それに対し、ランダムサンプリングの目的、RのユーザーインターフェイスK、生の計測値ではなく平均修正後の値を使うべき理由といったことを尋ねられるとちょっと落ち着かなくなるような方には、本書はまさに知りたいことが書かれた本になっているはずです。本書は、確率理論とそれを活用した標本平均、分散、相関の評価方法を学ぶ大学学部レベルの統計解析の知識を持っている方を対象として書かれています。過去にこういった統計学を学んだことがある方は、ベイズ統計学が伝統的なアプローチとはどのように違うのか、Rが提供している関数やパッケージのなかでこれらの概念がどのように実現されているかを理解しやすい位置にいます。

前のパラグラフに当てはまるような方は経験を積まれています。あなたは、私が本書で取り上げたいテーマを挙げていったときに思い浮かべていたベイズ統計解析の基礎に近い知識をお持ちでしょう。統計学と実験的手法についての本なら世間にすでに十分出回っています。R言語の構文の使い方についての本も同様です。初中級者向けのRの教科書もたくさん出ています。

しかし、VBA（Microsoft Excelがその動作の高度な制御方法をユーザーに提供するためにずっと前からサポートしてきたプログラミング言語）の単純な機能と、RやCといった本格的なプログラミング言語の高度で洗練された機能のつながりを教えてくれる本はあまりないのではないでしょうか。

同様に、学部生用の教科書で説明されている単純な単変量のカテゴリカル解析から、複雑なサンプリング手法を使う二次近似やマルコフ連鎖モンテカルロ法（MCMC）といった高度な技法までのサンプリングの3種類の基本タイプをつなぐ本もあまりありません。これらの複雑な操作を実行するコードの設計、開発、インストールを単純化してくれる関数群はリチャード・マケレス（Richard McElreath）が書いており、R用として提供されています。

本書で私がしたことは、関数を駆使してデータを処理し、グラフや図をデザインするという分野でみなさんが積み上げてきたExcelのスキルを活用するということです。遅くてぎこ

ちないながら、Excel も関数への引数という形で解析学で必要なツールを処理していること
をまず理解していただきましょう。そのあとで、サンプリングによって事後分布を構築する
3種類の基本アプローチが同じ問題に対するすばらしくクリエーティブな解法だということ
を示していきます。

それでは、その域に達するために私が提案する道筋を説明しましょう。

## 第1章「ベイズ分析とR：概観」

本書のプランを Pearson に初めて提案したとき、私は少しがっかりして帰ってきました。
編集者たちとその上司たちは礼儀正しく熱心に話を聞いてくれましたが、励ましをもらった
という感じはしませんでした。特に、私がなぜ本書を書きたいのかがうまく伝わっていない
感じがしました。

これはよい問いなのです。私の頭のなかには理由がいくつかありましたが、それを他人に
うまく説明するのは簡単なことではありませんでした。しかし、私はそのハードルを越えま
したし、あなたが手にしているものを見ていただければわかるように、明らかに成功しまし
た。それらの理由を最初に説明するのは悪くないことです。しかし、この章では最初に思い
ついた2つだけを書くことにしました。

- あなたが本書を読みたくなる理由は何でしょうか。理由はさまざまでしょうが、あなた
が大多数の人々と同じように Excel を主として電卓代わりに使っているなら（本当は
Microsoft Excel は汎用計算エンジンとして作られているのですが）、遅いと言われてい
る Excel でベイズ分析をしようとは思っていなかったでしょう。それは正しいことでし
た。ソフトウェアとハードウェアの両方の問題のために、ベイズ分析ソフトウェアに問
題を与えても答えが返ってくるまで延々と待たなければならなかった時代がありまし
た。しかし、今は違います。どの程度待たされるとイライラするかについてうるさいこ
とを言わなければ、まずまずの速さで答えが返ってきます。

- 私の仕事相手は馴染みの言葉を馴染みのない使い方で口にしていました。彼らは変な文
脈で事前分布/確率、尤度、母数（パラメーター）といった言葉を使っていたのです。私
は、彼らが何を言おうとしているのかをもっとはっきり知りたいと思っていました。し
かし、そのためには出発点が必要でした。私は Excel の数値操作機能を熟知しているの
で、作業のプラットフォームを Excel から R に進化させていくことにしました。Excel は
比較的遅く、ベイズ分析のプラットフォームとしては関数のラインナップが不十分で
す。しかし、ある種の問題では Excel も見事に仕事をこなし、短時間で正確な答えを返
してきます。私はそこからスタートすることにしました。

第1章で展開されていることはそういうことです。先に進みましょう。

## 第2章「二項分布の事後分布の生成」

　ベイズ分析の基本的な考え方は、事後分布を作り出してシミュレーションの結果を引き起こした母数（パラメーター）を深く知るというものです。事前分布と事後分布が同じ種類の分布なら分布を繰り返し更新していけて便利なので、可能ならデータ（尤度）に対してそのような関係を持つ事前分布（共役事前分布といいます）を用意します。

と言っても、ほとんどの場合、選べる分布は答えたい問題によって決まりますし、問題は分析しようとしているデータの性質によって決まります。

基本的な分布の1つとして二項分布があります。二項分布の性質は二項という言葉からもわかります。まず、勝ちと負け、買う買わない、生き残りと生き残り失敗のような二者択一の概念を示しています。コイントスを思い浮かべてみましょう。ポケットから無作為にコインを取り出してトスしたとき、表が出る確率も裏が出る確率50%ずつです。2つの名前、2つの予想される結果、2つの実際の結果、その繰り返しが二項分布です。

　二項分布の大きな特徴は、値が連続的ではなく離散的（非連続的）なことです。コインをトスしたとき、結果が無限の数値のどれかになるとは誰も思いません。思い浮かぶのは表か裏かという2つの結果だけであり、それ以外の結果はありません。

　これは人間の身長や体重とは大きく異なります。身長や体重の場合、計測結果はあり得る身長、体重の範囲のなかのどれか1個の値です。第3章で取り上げるベータ分布は、二項分布のような離散分布とはっきり区別される連続分布の1つです。Rで分析のセットアップをするときには、母数がRでサポートされているデータ分布のどれか（たとえば二項分布）に従って分布しているということを指定できます。この柔軟性は、Rをベイズ分析に適したものにしているRの構造や設計の特徴の1つです。

　ここは、分析で使っている母数の分布特性を指定することの重要性を強調するにはうってつけの場所ですが、しかしそれによって別の重要ポイントを見逃してはなりません。それでは自分の道具箱にベイズ分析を追加すべき理由を見失うことになります。

　実験内の個々の検定が互いに独立だということは、実験を支える二項検定の重要な前提条件のなかでもとかく忘れがちなものの1つです。たとえば、政党の党員の分布を研究していたとします。すると、回答者が何らかの政党に所属しているとして、どの政党に所属してい

るかを尋ねることになるでしょう。

　調査参加者の回答の確率について有効な推定をするためには、その回答が調査のほかの回答から独立していなければなりません。そのため、ジョージの回答はエレンの回答の影響を受けていてはなりません。影響がある場合には、データ内のおそらく不明確な依存性を調整せずに部分合計を足したり引いたりすること（たとえば累計の計算）はできません。

　第2章はこの種の問題を詳しく論じています。

## 第3章「ベータ分布の本質」

　二項分布とベータ分布の最大の違いは、変数の計測値の粒度です。どちらの分布も、正規曲線が変数xの取り得る範囲内における変数yの分布を示すのと同じように、取り得る値の範囲内での数値変数の分布を示します。

　しかし、ベータ分布の変数xは飛び飛びではなく連続しています。コイントスの表裏は二項分布のパターンに従います。実際の値（コインなら表と裏、ダイスなら1、2、3、4、5、6）によってソートすると、得られる値は連続的にではなく離散的に分布します。コイントスで表が1/3回出たとか、ダイスで2.5の目が出たというようなことはあり得ません。

　それに対し、イカサマかもしれないコインで表が出る確率（表が出たら成功だとすると、成功率。イカサマの度合いとも言えます）なら、この種の値は有効です。成功率は連続変数であり、0%から100%までの間で無限の値を取り得ます。これが二項分布とベータ分布の違いです。分布が無限の種類の値を取り得るならその分布はベータ分布です。それに対し、二項分布は、コイントスの2、2個のダイスの11、品質管理における合格、不合格判定の2のように、取り得る値の数が限られます。

　RとExcelは、ともに二項分布とベータ分布を探索、操作するための関数を持っています。頻度分布の生成では、RよりもExcelとVBAを使った方が便利で手っ取り早いことがあるということを覚えておくと役に立ちます。この章の次の第4章では、このことについて詳しく説明しています。

　ベイズ統計学のアプローチでも頻度論統計学のアプローチでも互いに非常に近い値（積分計算の丸め誤差による）かまったく同じ値を返してくることに注意してください。

## 第4章「グリッドサーチとベータ分布」

ここで話題の中心は、離散分布（二項分布）と連続分布（ベータ分布）の両方の頻度分布になります。グリッドサーチのテクニックを使って頻度分布の分析を進めます。

ベイズ統計学では、分布の近似を使います。位置（平均）とばらつき（分散または標準偏差）を定義すれば、ほとんどかならず頻度分布を宣言できます。ソフトウェアにこれらの属性（平均と分散）を渡せば、十分なスピードと効率で要求した位置とばらつきを持つ分布を構築できます。

Excelの一部となっているプログラミング言語VBA（Visual Basic for Applications）もこの処理を実行できます。VBAは、十分な数の値があれば、ベータ分布や二項分布や正規分布（およびその他のよく知られた分布）のように見え、そのようにふるまう値の配列を組み立てられます。では、VBAが遅くてぎこちないという評判を立てられたのはなぜなのでしょうか。

その答えの多くの部分は、実行時のVBAが部分的にしかコンパイルされていないことにあります。VBAはインタープリター言語であり、同じコードを繰り返しコンパイルしなければなりません。それによってさらに処理速度が下がります。さらに、VBAは配列管理に適したように作られていません。Pythonなどの新しい言語は、複数行複数列の配列を1行のベクトルに変換するという方法（処理が飛躍的にスピードアップすると言われています）で配列をはるかに効果的に管理しています。

この章では、尤度を変えると事後分布がどのように変わるかを実際に示すデモを作ります。このデモはグリッドサーチという技法が頻度分布の構造を変えることを示し、グリッドサーチと呼ばれる根拠を示すので、この章にはうってつけです。

## 第5章「母数が複数のグリッドサーチ」

分析の実行速度には、ハードウェアが命令を実行するスピード、シミュレーションから得たデータを分布にまとめるコードの処理効率、使っているマシンがベクトル計算機かどうかなど、さまざまなことが重要な意味を持ちますが、分析が扱う母数と分位数の数の方が一般により重要です。

分析したい母数が1個だけなら、因子水準が7、8個あったとしても、ベイズ分析で尤度を与えても十分な時間が残ります。しかし、設計に母数を1個追加すると、セルの数は足し算ではなく掛け算で増えていきます。

6個の因子水準を持つ1個の母数で分析を始めた時点では、BASICコードでも分析はコーヒーを飲み終わる前に終わります。しかし、5個のレベルを持つ別の母数を追加すると、6+5=11個ではなく、6×5=30個のセルを使ったシミュレーションになります。標準偏差の大きさなどの条件次第ではそれらの母数のセルの1つにシミュレートされたレコードを入れる必要はなくなるかもしれませんが、グリッドサーチのコードは1つ1つのセルを相手にしなければなりません。二次近似やマルコフ連鎖モンテカルロ法ならそのような計算は省略できます。

第5章では、グリッドサーチがセルを必要とするというだけの理由でセルの処理のためにどれだけ無駄に時間を使うかを実感できます。

## 第6章 「ベイズ統計学の手法を使った回帰」

私たちの大半は、一般線形モデルという枠のなかで問題を解決するための回帰的アプローチをよく知っています。次のような数値が並んだ1、2ページの出力のことはまったく苦にならないぐらいよく知っています。

- 伝統的な相関係数と回帰係数
- $R^2$などの要約統計量
- F比や推定量の標準誤差といった推定に関する統計値

この章では、それまでの章でばらばらなままだった概念や技法を結びつけるということを始めていきます。特に重要なのは、グリッドサーチという手法の難点です（説明変数が複数のときにはこの難点が増幅されます）。これにはさまざまな理由がありますが、大きいのは複数の変数の複合的な効果を評価したいときの問題です。作物に対する水と肥料の複合的な効果を評価できなければ、少なくとも水と肥料の単独での効果を評価することは困難になるでしょう。しかし、変数の追加によって実験が面白いものになった途端、その追加された変数の重さのために分析が困難になってしまうのです。

第6章では、グリッドサーチに代わって初めてquapというR関数を使います。quapという名前は**二次近似**（quadratic approximation）に由来しています。このようにして捨ててしまうグリッドサーチについて長々と説明してきたのは、それがグリッドサーチよりも早く事後分布を組み立てられるより高度なテクニックを説明するための基礎となるからです。しかも、二次近似による高速化のおかげで複数の説明変数を同時に使えるようになります。

グリッドサーチと同様に、**quap**は私たちが知りたい母数の事後分布の確率密度関数の近

似値を教えてくれます。quapはそのために二次関数を使います。**二次近似**という名前はそこに由来しています。

## 第7章「名義変数の処理」

　変数のなかには、値が数値として保存されるものの実際には数値というより文字列値のように扱うべきものがよくあります。この章では、文字列値をまるで数値であるかのように管理するために、文字列値をどう処理すべきかを説明します。数値をまるで文字列値であるかのように処理するという逆のアプローチもあります。ここではダミーコーディングとインデックス変数、quap関数を使ったより直接的な変換も取り上げます。

## 第8章「マルコフ連鎖モンテカルロ法によるサンプリング」

　最終章では、ここ数年ベイズ統計学のサンプリングの標準として確固たる地位を築いたマルコフ連鎖モンテカルロ法（MCMC）を取り上げます。古いその他のアプローチは、特に密な事前分布を与えられたときに立ち往生しがちです。多くの場合、それはサンプリングロジックに組み込まれた自己相関のためです。しかし、MCMCはその罠をうまくすり抜け、実行速度を維持します。

　MCMCは、この複雑になっても実行速度を維持できるという特徴のおかげで、異常に遅くならずに大規模な事後分布をシミュレートできます。さらにそのおかげで連続変数と離散変数の両方で最良の形でふるまい、結果を評価するときに解釈しやすくなるように説明変数をコーディングできます。

# 著者はどのような立場なのか

ここまで読まれた方は、「私がこの本を読むべき理由は何なのだろうか、この著者はベイズ統計学と頻度論統計学のどちらのタイプを支持しているのだろうか」と思われたことでしょう。この疑問に答えるために私ができる一番のことは、私がどのような教育を受け、どのような経験を積んできたかをお話しすることだろうと思います。

私が初めて統計解析の授業を聴講したのは、中西部にある小規模で高評価の大学の教養課程にいたときです。その授業は悲惨なものでしたが、それは心理学科の外で教えられたからかもしれません。当時その授業で使っていた教科書はまだ手元にありますが、それは当時（1970年代）の流儀で書かれており、大量の数値をどのように処理すべきかは書かれていますが、そうすることにどういう意味があるのかはほとんど書かれていませんでした。

それでも、私はその授業を最後まで受講し、さらにあと2回受講しました。その授業は、心理学科で受けていた授業よりも少し優れていました。学部を卒業したあと、私は大学院に進み、教えてもらいたいと思っていた教授の下で勉強を始めました。彼は頻度論統計学の人で、統計学の入門的な教科書としては初めての試みに踏み込んだものの著者でした。その教科書は、それぞれの統計解析に特定の計算を含めるべき理由を説明したのです。

彼の教科書と授業は、1970年代末に**定番**となっていた種類の分析が必要な根拠を強調していました。当時は、慎重に設計した実験の実施後に、統計学的有意性検定を実施していました。2つの集団の統計学的有意性の計算ではt検定（ゴセット）を使いました。3つ以上の集団の統計学的有意性の計算では分散分析（フィッシャー）を使いました。2つの比例尺度変数の関係の強さを計測するためには、積率相関係数（ピアソン）を使いました。データオーバーロードをいくつかの管理できる因子に縮減し、複数の目的変数で計測される集団間の差異を検定するためには、因子分析と分散の多変量解析（グリーン、ウィルクス）を使いました。集団平均間の統計学的に有意な差異の位置の特定には多重比較（テューキー）を使いました。

これらの技法はすべて頻度論統計学のものでした。1980年代に大手通信事業会社にいたときには、これらと指数平滑化法という特殊なテクニックの組み合わせを使っていました。私たちは評価損を出さずに1400万ドル分に膨れ上がった再販在庫を1年未満で700万ドル分未満に削減することができました（これは1400万ドルが大金だった時代のことです）。

そういうわけで、私の学習上、職業上の経歴には、頻度論統計学が与えてくれたツールに

感謝すべき理由は十分すぎるほどあります。そして、私は実際に感謝しています。

　しかし……。以前に公刊された研究の発見に対して再現性検証プロジェクトが矛盾する発見を発表するたびに、私は居心地の悪さを感じ始めました。そのようなことは変量因子を固定因子として扱うようなモデルの指定ミスから、p値ハッキングのようなものまで、さまざまな理由で起き得ます。

　それは、標本サイズが等しくなく、母分散も異なるという状況（ベーレンス・フィッシャー問題）で誰かがウェルチ修正か何かを適用しているのを見たときでした。満足な解法もないのにそのような問題が長い間存在し続けるのを許すような科学的アプローチには何か問題があると思ったのです。

　分散分析（analysis of variance、ANOVA）には、少なくとも3つの集団から構成される実験でどれか2個の集団の母平均が等しいかどうかを判定するという主要原則があります。ANOVAで有意な結果を生み出す原因になっている集団がどれかを特定するために少なくとも6種類の手続きがあり、それらは集合的に多重比較と呼ばれています。それらのうちの1つは、0.05%レベルで統計学的に有意に異なると判断するために2つの平均の標準化されたスコアの差が7.5以上でなければならないのに対し、別の1つは15以上でなければなりません。確かに、データが集められた状況や下したい推定によってどの多重比較手続きを選ぶかは異なります。それでも、シェッフェや計画的直交対比よりもぴったりと一致する手法を用意することはできるはずです。

　そして、回帰分析で持ち上がる多重共線性の問題があります。多重共線性は統計解析に多重比較とは別の問題を生み出し、それらについては第6章で簡単に触れます。こういった問題はほかにもたくさんあります。それは私が保証します。一部はベイズ統計の手法を借りれば解決できますが、そうでないものもあります。私の立場は、ベイズ統計学の手法よりも頻度論統計学の手法をよいと思ったりその逆だと思ったりする特別な理由はないというものです。本書では、頻度論統計学の手法をひいき目で見るバイアスが出ないように努力しました。その点について成功することを願っていますし、成功していると思っています。

# 必要なソフトウェアの入手方法

おそらく、みなさんはRアプリケーションを使っており、その経験をある程度積んでいるだろうと思います。だとすれば、あなたはすでにCRANサイト（https://cran. r-project.org）の指示に従って自分のコンピューターにRソフトウェアをインストールしているでしょう。この方法でRをインストールしていれば、デフォルトコードやmaxとか read.csv といった単純な関数（これらだけでかなりの量があります）は自動的にインストールされています。

その他のコードはパッケージという形になっており、自動的にインストールされることはありません。何かのパッケージをインストールしたい場合（そういうときはほぼかならず来ますが）、標準的な手順は、Rの「パッケージ」メニューで「CRANミラーサイトの設定」を選択したときに表示されるドロップダウンリストでミラーサイトを指定してから、同じメニューの「パッケージのインストール」を選択したときに表示されるドロップダウンリストでCRANが提供する15,000種類ほどのパッケージのリストからほしいものを選ぶというものです。

パッケージはアルファベット順に表示されますが、15,000個のアイテムから1個を選ぶのはほとんどのユーザーが好んですることではないでしょう。幸い、本書で取り上げているコードのインストールのためにこの手順を何度も繰り返す必要はありません。

**NOTE**

> 本書で取り上げているほとんどのコードは、特別なことをしなくてもRアプリケーションが認識してくれます。ただし、rethinkingというパッケージをインストールしなければ使えない関数があります（特に重要なのはquapとulam）。しかも、rethinkingはRの「パッケージ」メニューではインストールできません。Windowsマシンに rethinkingパッケージをインストールする方法は、付録Aで詳しく説明していますので参照して下さい。

プラットフォームということで言えば、本書執筆時点ではMacに rethinkingをインストールすることはできません。私たちが知る限り、現時点ではMacに対して互換性のある rethinkingバージョンはありません。

これで先に進む準備は万端です。第1章「ベイズ分析とR：概観」はもう目の前です。

# 目次

# 第1章

# ベイズ分析とR：概観

　ベイズ統計学を支持する人々の主張とそれに反対して伝統的な統計学的推定を支持する人々の主張を初めて読んだとき、私は政党政治についてウィル・ロジャース（Will Rogers）が言った「私は組織された政党の党員ではないが、民主党支持者だ」という言葉を思い出さずにはいられませんでした。

　反対派の**頻度論者**（frequentist）たちが自分たちの正しさを主張する強力な論拠をいくつも挙げられるのと同じように、**ベイジアン**（Bayesian）たちにも強力な論拠はいくつもあります。頻度論の急先鋒と考えられているロナルド・フィッシャー（Ronald Fisher）が、ベイズ統計学の理論は「誤謬を基礎としており、全面的に排除されなければならない」などと乱暴なことを言っても、それは変わりません。

**NOTE**

> 　ベイズ分析のテクニックを支持し、利用する人々は**ベイジアン**（Bayesian）、フィッシャー（Ronald Aylmer Fisher、ANOVA：分散分析）、ゴセット（William Gosset：t分布）、ピアソン（Karl Pearson：ピアソン相関係数）など、カッコ内のテクニックの開発者とそれを支持する人々は**頻度論者**（frequentist）と呼ばれることがよくあります。本書でもそれに従います。

　奇妙なのは、今日頻度論統計学の思考パターンや分析テクニックだと思われているものの多くがベイズ理論にルーツを持つことです。500年ほど前の賭博師たちが賭博場で優位を築

くために使っていた手法は、今日では頻度論的というよりもベイジアン的だと考えられるようなものでした。平均値の間の差を重視し、標準偏差、相関関係、zスコアを使うことが強調されるようになったのは、1900年頃のことです。

# 1.1 ベイズの復権

しかし、20世紀末頃から、ベイズ統計学の手法が復権を果たすようになりました。

ベイズ理論の進歩もその理由の1つですが、なんと言っても大きいのは、デスクトップで比較的安価な計算能力を駆使できるようになったことです。ベイズ統計学のテクニックでは、例えばコレステロールレベルの数値（またはピンクの羽毛、商品の販売コストなど）のような特定の属性を持つ人々（またはコウライウグイスだったり、触媒コンバーターなど）の数を示す頻度分布を構築しなければなりません。

頻度分布の設計と構築には時間がかかります（経過時間とコンピューターの計算時間の両方）が、標本と理論的な母集団を比較するためには頻度分布が必要になります。これは頻度論とベイジアンが共通の戦略を使うさまざまな例のなかの1つです。たとえば、頻度論統計学の分散分析は、帰無仮説の仮定に従う分布を持つ母集団を想像することを求めます。そのような分布はほんの一瞬で想像できます。

ベイジアンも同じ戦略を使いますが、それは部分的に同じなだけです。ベイズ統計学の分析は、分布を想像するだけでなく、実際に**構築**することを要求します。性別が男性である人、民主党員だと登録した人、年収が7万ドルの人、既婚の人、オレゴン州に住んでいる人、COVID-19検査で陽性になったことがない人などの事例を数えられるようにするのです。それがどういうことかはわかっていただけるでしょう。

関心のある属性（たとえば、性別、支持政党、収入、既婚未婚、居住州、感染症既往歴について）をすべて備えた対象母集団の割合を知るためには、同時確率分布のための数千個のセルを用意する予算を確保しなければなりません（セルの1つは、ミズーリ州に住み、COVIDに感染したことがなく、未婚で年収が2万5000ドルから3万ドルの間の男性民主党員のためのものです。これもどういうことかわかっていただけるでしょう）。

それでも、変数が2つだけ（たとえば性別と支持政党）なら大したことではありません。変数の設計次第ですが、2種類の性別と3種類の支持政党で6個のセルがあれば足ります。しかし、支持政党に合理的に影響を与えうるあらゆる変数を導入する本格的なシミュレー

ションを組み立てるつもりなら、各変数が取りうる値のすべての組合せを計算に入れなければなりません。それを合理的な時間内で実現するためには、コーディング戦略とCPUのスピードが必要です。これらはどちらも1990年代までは手に入らないものでした。Rのようなプログラミング言語は大きな力になりますが、デスクトップにもっと高速なチップを入れたらの話です。

　一部の単変量問題では、より単純なアプローチでもうまく機能します。必要なセルが少数なら、シミュレーションは一瞬で終わります。

　本書でも、第4章「グリッドサーチとベータ分布」など、前の方の章では、単純な手法の1つである**グリッドサーチ**（grid search、grid approximation）を取り上げます。これは、あなたに頻度分布の生成手段としてグリッドサーチを売り込もうということではなく、ベイズ分析を支えるアイデアと戦略の一部に親しんでいただくためです。

　より複雑なシミュレーションに対しては、**二次近似**（quadratic approximation）というこれよりも少し高度なアプローチが作られています。第6章「ベイズの手法を使った回帰分析」では、ベイズ統計学による回帰分析へのアプローチを詳しく論じますが、そこではグリッドサーチではなく二次近似を使ったシミュレーションを多用します。分析の設計が少しでも複雑な場合には、グリッドサーチよりも二次近似で事後確率分布にアプローチした方が有意に速くなります（**二次**という用語が使われている理由も第6章で説明します）。二次近似を行うと、事後確率分布が正規分布に非常に近い形になる傾向があります。グラフ化したときに正規曲線に近くなる傾向を持つ変数を研究するときには、これはすばらしいことです。私たちが関心を持ち、計測、計数するものは、たいていこのような分布になります。

**NOTE**

> 　事後確率分布は、事前確率分布と「尤度」または「データ」（data）の結合によって得られます。

　にもかかわらず、事後確率分布（略して事後分布とも言います。ここからは、事前確率分布を事前分布と略すことも含め、略した方の用語を使います）を得るための手法には、**マルコフ連鎖モンテカルロ法**（Markov Chain Monte Carlo、MCMC）という第3の存在もあります。これなら、グリッドサーチのように小さな設計だけに制限されず、二次近似のように事後分布が執拗に正規分布になることもありません。

　本書の最終章では、R言語`rethinking`パッケージの`ulam`関数を取り上げます。この関数は、開発者がちょっとした準備をすると、RのRStanパッケージを介して標本を抽出し、

事後分布を返すStan言語コードを生成します。

　しかし、まだ残っている疑問があります。それは、「なぜわざわざそんなことをするのか」ということです。私たちは21世紀に入ってまだ20年ちょっとという時代にいますが、それでも複数の標本平均の差が信頼できるものかどうかを見分ける方法はわかっています。

　重回帰とはどういうものか、なぜ標準偏差と分散が重要なのか、目的変数が出現回数を表すときに平均の比較以外に回帰をどのように管理するかはわかっています。ベイジアンでも頻度論でも結果は同じになることがよくあります。すぐ手の届くところに必要なツールがすでにあるのに、わざわざ近似やモンテカルロ法のシミュレーションをする理由があるでしょうか。Excelの「データ」リボンの「データ分析」ボタンをクリックするだけで済むのです。

　データセットのなかには一部の分析テクニックに適さないものがあるということが理由の一部になります。よい例が多重共線性の問題です。これは、たとえば重回帰分析で複数の説明変数が完全ではなくてもかなり高く相関している場合のことです。そのような場合、一部の行列の逆行列が求められなくなるため、久しく多用されてきた行列代数が問題を起こします。負の$R^2$値のようなおかしな結果になってしまうのです。

　そこで、ソフトウェア開発者たちは重回帰分析ではこの方法をほとんど捨てて**QR分解**（QR decomposition）と呼ばれるテクニックを使うようになりました。これで少しましになりましたが、1個以上の説明変数の係数を人工的に0という定数値に設定することによって問題を解決しようということなので、まだ十分ではありません。それとも、バンザイして諦めてくれとでも言うのでしょうか。

　ベイジアンのアプローチなら、解の計算で行列代数を使わないので、この障害を乗り越えられます。しかし、この障害はそうたびたび現れるものではないので、これだけでは最小二乗法を捨てる理由としては弱いでしょう。もっと強力な理由は、頻度論のアプローチが標本を採集した母集団の分布を**想像**することを要求することです。そのため、かなり歪んだ分布を示す母集団から正規分布に従う標本を取り出すようなことがあり得ます。

　ベイジアンなら、母集団の分布がどのような形かを想像することを求めたりしません。求められるのは、高度なサンプリング（標本抽出）手法を使って分布を構築することです。

　デスクトップでMCMCのようなツールを駆使できるようになった現在、同じデータセットに対して頻度論統計学とベイズ統計学の両方の分析を実行**しない**理由はほとんどありません。両方を使えば、平均の比較、分散の評価、相関の算定といった問題を解くために根本的に異なるアプローチを試せるというメリットが得られます。ソフトウェアが真っ当な標本を

抽出できるようになるのを永遠に待たなくても、確証が得られるのです。

しかし、私がベイズ統計学のテクニックを取り入れることにした個人的にもっとも大きな理由は、あるコンサルタントとの電話でのやり取りからです。共分散分析（ANCOVA）が話題になったのですが、彼によれば大学院ではもうANCOVAなど教えていないというのです。変わって教えられているのは多水準モデリングだというではありませんか。

これ以上の衝撃はありませんでした。

# 1.2 事前分布の構築について

Rを使うにしろほかの手段を使うにしろ、ベイズ分析には、設計、収集した事後分布だけではなく、大規模で強力で複雑な事前分布もサンプリングしなければならないという難点があります（事前分布、尤度、事後分布の区別については、この章のあとの部分で簡単に説明するほか、第2章と第3章で詳しく説明します）。

入力から標本を抽出するアルゴリズムは複数開発されていますが、どれも一長一短があります。それぞれの長所は一般に明らかですが、短所はわかりにくいところがあります。たとえば、サンプリングアルゴリズムが標本空間の一部分から離れられなくなる自己相関（二次近似の短所）がそうです。ほとんどのサンプリングアルゴリズムはメトロポリス法などの古い（しかし決して劣っているわけではない）手法から派生したもので、それは略語からわかります。たとえば、ギブスサンプリングからはBUGS（Bayes Using Gibbs Sampling：ギブスサンプリングを使ったベイズ推定）やJAGS（Just Another Gibbs Sampler：もう1つのギブス抽出）が生まれています。

この分野は変化が激しいので、サンプリング方法の細部や違いを詳しく説明するつもりはありません。現時点では、全般的にもっとも妥当で高速なサンプリング手法は、ハミルトニアンモンテカルロ法（HMC）です。本書では`ulam`（HMCサンプルの構築を助けるR言語`rethinking`パッケージの関数）を使って最良のサンプリング手法が選ばれるように入力を最適化します。

# 1.3 ある専門用語について

　初めてベイズ分析についての文献を読み始めた頃、一部の専門用語が誰でも意味を知っている言葉であるかのように使われているのを見て不安になりました。私には**わからなかった**のです。

　おそらく、それは私が頻度論統計学一本槍で育ってきたからなのでしょう（いや、学ぶべきことを学ばずに学位を取っていただけかもしれません）。理由は何であれ、私は**確率密度**（probability density）と**確率質量**（probability mass function）の違いをわかりやすい言葉で説明している教科書を見つけるまで自縄自縛になっていました。ほかの教科書の著者たちは、読者がすでにその違いを理解していて当然と思っていたか、意味が完全に自明だと思っていたのでしょう。

　いずれにせよ、もしこういった専門用語を本の最初で説明するチャンスがあれば絶対そうするということを心に誓いました。そして、これらの概念は思っていたほど難解ではないこともわかりました。伝統的な統計学の基礎があやふやな程度よりも上のレベルの人であれば、誰でもわかるはずです。

　**図1-1**を見てみましょう（ダウンロードファイルの**f1-1.xlsx**参照）。成功確率が30%の試行を20回繰り返したときに、成功数が0回、1回…20回になる確率を示しています。成功数にたとえば1.5回というようなものはありません。0回から20回までの21種類だけです。それぞれの回数ごとに確率の数値があります。成功数（より一般的に、試行が取り得る範囲を等分に割った数を分位数と呼ぶので、分位数と表現される場合もあります）からこのような確率を返す関数のことを**確率質量関数**（probability mass function、PMF）と呼びます。21本の棒（といっても、半分近くの棒はほぼ0%です）の面積を合計すると100%になります。

　Rで同じようなグラフを描くには、次のコードを実行します（ダウンロードファイルの**f1-1.r**参照）。

```
xvals <- seq (0, 20, by = 1)
plot(xvals, dbinom(xvals, 20, 0.3), type = 's', lwd = 3)
```

**NOTE**

Rをまだインストールしていない方は、よい機会なので付録Aの説明を読んでインストールしてください。本書は最初のうちはExcelでもRでも好きな方でプログラムを実行できるように作られていますが、最後の方にはrethinkingパッケージをインストールしたRでなければ実行できないコードが含まれています（library(rethinking)が含まれていないコードは、rethinkingパッケージをインストールしていなくても実行できます）。

Rでは、コンソールウィンドウに直接文を入力すると、すぐにその結果が実行されます。しかし、forループのように複数行の入力が終わるまで実行を待つこともあります。そこで、Rのスクリプトウィンドウにコードを入力するという方法が用意されています。スクリプトウィンドウでは、コードを1行ずつ実行するか、すべてのコマンドをまとめて実行するかを選択できます。

選択に従って次のどちらかの方法でコマンドを実行します。

● 1行以上のコードを実行したいときには、スクリプトウィンドウ内で行をクリックし（または複数行を選択し）、「編集」メニューの「カーソル行または選択中のRコードを実行」を選択します。

● スクリプトウィンドウのコードを全部実行したいときには、まずスクリプトウィンドウがアクティブでなければアクティブにします（そうしないと、Rのメニューに必要なコマンドが表示されません）。そして「編集」メニューから「全て実行」を選択します。文全体や先頭行を選択する必要はありません。

ここでは、ダウンロードファイルをダウンロードし、スクリプトウィンドウにf1-1.rファイルをロードして、「全て実行」を選択すれば、手っ取り早くコードを実行できます。

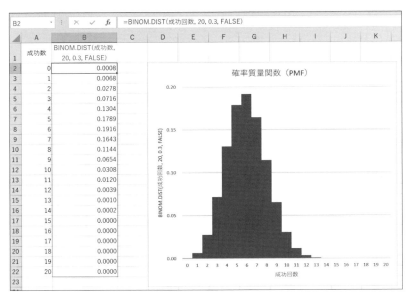

**図1-1** 離散データの確率分布は、個々のデータが長さの異なる棒を持つヒストグラムになる。離散型の確率変数（この例では成功回数）からこのような分布を返す関数を確率質量関数と呼ぶ

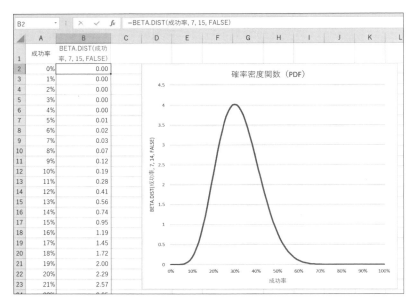

**図1-2** 連続データの確率分布は、滑らかな曲線になる。曲線上のある一点からX軸までの距離を確率密度という。この距離は線であり幅がないので確率ではない。連続型の確率変数（この例では成功率）から確率密度を返す関数を確率密度関数と呼ぶ

　それに対し、連続データの分布を描いた**図1-2**（ダウンロードファイルの**f1-2.xlsx**参照）には、**図1-1**のようなギザギザはありません。また、x軸の値が少しでも異なれば、その値に対応するy軸の値も変わります。そのため、x軸の値は**図1-2**のような幅を持ちません。x軸の値が持つのは幅のない縦線だけです。このx軸の値から分布曲線までの縦線の距離、つまりx軸の値に対応するy軸の値のことを**確率密度**（probability density）と呼びます。この縦線には幅がないので、離散データのときとは異なり、x軸の値に対応する確率はありません。あるのは確率密度だけです。あるx値までの累積確率を計算するときには、確率密度を積分します。確率変数の各値から確率密度を返す関数を**確率密度関数**（probability density function、PDF）と呼び、曲線が表しているものを**確率密度分布**（probility density distribution）と呼びます。確率密度は**ほかの縦線と比べたときの相対的な縦線の高さ**を教えてくれ、分布全体の最頻値を知るために役立ちます。

**WARNING**

> 　ただし、人によって用語の使い方はさまざまなようです。R言語の二項分布関数dbinomのdはdensity（密度）のdであり、離散分布でも「確率密度」という用語を使っています。

　Rで同じようなグラフを描くには、次のようにします（ダウンロードファイルのf1-2.r参照）。

```
xvals <- seq (0, 1, by = 0.01)
plot(xvals, dbeta(xvals, 7, 15), type = 'l', lwd = 3)
```

**TIP**

> 　**図1-1**と**図1-2**のようにグラフの種類を変えるにはどうしたらよいのかと思われたかもしれません。グラフを描く関数はコマンド2行目のplotです。**図1-1**のような長方形の組み合わせにするには、plotのtype引数を'**s**'にします。**図1-2**のような折れ線グラフにするには、type引数を'**l**'にします。なお、RGuiのコンソールウィンドウに**?plot**と入力すると、ブラウザにヘルプが表示されます［訳注：英語ですが］。Rにはggplot2というもっと高度なグラフ作成パッケージがありますが、本書ではplotでできるところまでしか紹介していません。

### 1.3.1 二項分布とベータ分布の微妙な関係

次に二項分布関数を少し違った角度から見てみましょう。**図1-3**を見てください。

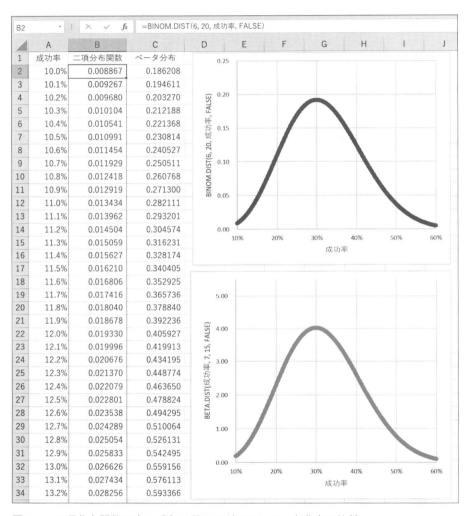

**図1-3** 二項分布関数の少し毛色の異なるグラフとベータ分布の比較

**図1-3**（上）は二項分布関数のグラフですが、**図1-1**とは描き方が異なります（ダウンロードファイルの `f1-3,4.xlsx` 参照）。**図1-1**は二項分布のグラフというときに普通に使われるもので、x軸は Excel の `BINOM.DIST` 関数の用語を使えば**成功数**引数（第1引数。https://bit.ly/3I4WakQ 参照）を変化させており、先ほどと同じ成功率が30%のコインで20回コイントスをしたときに表が0枚、1枚、…20枚になる確率を示しています。

　しかし、**図1-3**（上）は**成功率引数**（第3引数）の方を変化させたグラフになっています。そのため、X軸の値は整数ではなく％単位の分位数らしい分位数です。グラフの意味も、コインの成功率がいくつだと20回投げて3回しか表が出ないという結果がもっとも起きやすくなるかを示すものになっています。

　**図1-3**（下）は、変数と母数が**図1-2**とまったく同じベータ分布のグラフですが、描かれているx軸の範囲が10％から60％だけに狭められています。BETA.DIST関数のα引数は成功数+1、β引数は失敗数+1なので、それぞれ20×0.3+1=7と20-20×0.3+1=15を渡しています。つまり、**図1-3**の上下のグラフは、関数呼び出しの引数の順序こそ違うものの、試行回数（失敗数+1）、成功数（成功数+1）、成功率として同じ意味になる値を渡したBINOM.DISTとBETA.DISTのグラフです。ただし、後者はベータ分布のグラフですが、前者はいわゆる二項分布のグラフではありません。表の数値やY軸の目盛からもわかるように計算結果は大きく異なりますが、分布の形はまったく同じになります（**f-3,4.xlsx**では両方の分布の形が同じだということを確かめていますので、ぜひご覧ください）。このことについては、第3章で両分布の公式を比較するときにもう1度触れます。

　**f1-3a.r**と**f1-3b.r**は同じようなグラフを描くRコードです。
　成功率によって分布の形がどう変わるかをRとExcelの両方で試してみてください。
　**図1-3**（上）のような二項分布関数のグラフを作るサンプルRコードは次の通りです（ダウンロードファイルの**f1-3a.r**参照）。

```
xvals <- seq (0.1, 0.6, by = 0.001)
plot(xvals, dbinom(6, 20, xvals), type = 'l', lwd = 3)
```

　**図1-3**（下）のようなベータ分布のグラフを作るサンプルRコードは次の通りです（ダウンロードファイルの**f1-3b.r**参照）。上の**図1-3**（上）のグラフを作るコードを実行してからこのスクリプトをロードして実行すると、グラフ画面の軸だけが変わり、なかの曲線は瞬きもしないところを見ることができます。

```
xvals <- seq (0.1, 0.6, by = 0.001)
plot(xvals, dbeta(xvals, 7, 15), type = 'l', lwd = 3)
```

# 1.4 事前分布、尤度、事後分布

本書で扱うような初歩的なベイズ分析の大半は、次の3つの分布でデータを操作します。

- 事前分布
- 尤度
- 事後分布

これら3つの分布には、論理的にも時系列的にも前後関係があります。

## 1.4.1 事前分布

　一般に、ベイズ分析では、一連の観測値の件数、平均、分散といった値によって**事前分布**（prior distribution）を指定します。事前分布のデータと尤度から得られたデータの結合により事後分布が決まります。事後分布は、次のサイクルの事前分布になる場合があります。

　そのようなサイクルを数回繰り返すことがあります。ケースバイケースで分析を行うソフトウェアに生データを与えなくてもよいことを覚えておくと役に立ちます。Rには、プロセスの任意のイテレーションで件数、平均、分散といった要約統計量を指定できる関数があります。

　事前分布は、標準化された手続き（広く知られている場合もそうでない場合もあります）に従って得られたデータセットです。たとえば、潜在顧客が自社サイトにログインするときに使われているOSのタイプを調べようとしている会社があったとします。
　広く使われているOSが3種類あるとして、その会社のウェブサイトはユーザーのOSによって製品の価格を5%、10%、15%ずつ引き上げるのです。
　その会社の製品の小売価格がそのようにして設定されていることは、あなたにも、ほかの人々にもはっきりわかっていないかもしれません。

　このように、事前分布が不明な場合はよくあることでしょう。例えば製品の売上高など、事前分布の候補となるような情報が手に入れられればそれにこしたことはありませんが、情報がなければ、例えば小売価格は市場原理に従っていると仮定するなど、どのような分布と仮定してもかまいません。

　このように、実際の観測データを得る前の事前分布は、事前情報や仮定に基づいて設定さ

れた確率分布であり、様々な形を取り得ます。

　そして、事前分布に盛り込まれたデータを得たあと、通常はさらに別のデータが得られます。これを事前分布に掛けて事後分布を得るための**尤度**（likelihood）として使います。

　事前分布の情報が豊かなら、尤度として新たなデータ（情報）が追加されても、データの分布にはあまり変化はないかもしれません。そういう事前分布は強い事前分布です。

　事前分布に含まれている情報が比較的（尤度に含まれている情報と比べて）貧弱なら、その事前分布は弱い事前分布です。例えば、強い事前分布には一般に、生データ［訳注：偶発的な測定誤差などを含んだ生の値で、多用な状況をカバーするため事前分布の信頼性の向上に寄与する］が大量に含まれており、後から送られてきた尤度に関連するデータの影響力は小さくなります。

　頻度論者と多くのベイジアンは、事前分布の設定ということに含まれている明らかな主観性の是非について激しく対立してきました。

　数学者や科学者は、分析者が自分たちの領域に土足で踏み込んでくることに多くは喧嘩腰になって反対してきました。

　本書では、たとえばケインズのラプラス批判に決着をつけるようなことはしませんが、

　理論家たちがこの点で大きく対立してきたことは意識しておいてください。

　事前分布でもう1つ注意しておきたいのは、事前分布が事後分布と同じ形かどうかです。

　もしそうなら、その事前分布は**尤度に対して共役事前分布**（conjugate prior to the likelihood）だと言われます。事前分布が尤度に対して共役ではなく、そのため事前分布と事後分布の形が異なれば、ベイズ分析を反復的に積み重ねていくことは難しくなります。

　もう1つ覚えておきたいのは、この構造では情報量のない事前分布にも出番があることです。一般に受け入れられた解がない問題にぶつかったとします。問題に関連したデータを集める前に事前分布を設定したいところですが、一般に受け入れられた解がないので、それらのどれかを使うことは避けたいと思っています。そのような場合、通常は事前確率分布として一様分布を採用します。つまり、事前分布の密度分布図は一本の直線になります。

　これ以上弱い事前分布は作れません。事前分布は現実と一致していないでしょうし、一番避けたいことですが、行き当たりばったりの結果をつかまされる羽目になるかもしれません。

　しかし、問題のなかには放っておくのが一番というものもあるのです。

## 1.4.2 尤度

　ベイズ分析の3つの標準的な概念ステップの第2は、**尤度**または**データ**と呼ばれるものです（どちらも、ステップという言葉にはどうも合いませんが）。データステップは、事前分布が定義、構築され、おそらく実際に値を受け取ったあとで実行されます。

　母数の事前分布が定義されて分析が始まると、母数によって結果が起きる確率を計算できます。

　すると次に、ある母数が正しいときにある結果を観測する確率と、べつの母数が正しいときに同じ結果を観測する確率という2つの確率を秤にかけることになります。尤度という概念が入ってくるのはここです。ある母数が正しく、その結果は90%の確率で起きると仮定します。この第2の確率を尤度と言います。

　しかし、別の母数を採用すれば、その結果は80%の確率で起きるとします。母数ごとに尤度を計算して比較することで、90%の確率で起きるというのと80%の確率で起きるというのとでどちらの方が起きやすいのか、つまり**最大尤度**（maximum likelihood）はどちらかも判定できます。そういうわけで、第2ステップの尤もらしさが「尤度」だということになります。

　しかし、このような語源論的な論理には少し危なっかしいところがあるので、ベイジアンの多くは**尤度**という用語よりも**データ**という用語を好んで使います。事後分布は、事前分布と尤度を結合した結果です。多くの場合、事後分布はこの3ステッププロセスの終点ですが、かならずしも終点にならない場合もあります。

　たとえば、何らかの事後分布にたどりついたものの、まだデータの収集と結合が完了していない場合があります。そのような場合、既存の事後分布を新しい事前分布として、新しい事前分布と新しい尤度を結合して新しい事後分布を計算するのは簡単なことです。

　これは共役事前分布になっている事前分布が望ましいということの一例で、第4章でベータ分布と絡めて詳しく説明します。正規分布になっている事前分布からスタートしたとします。この事前分布を一様分布の尤度と結合しようとすると、困ったことになることがあります。

正規分布は一様分布の共役事前分布ではありません。正規分布の事前分布に一様分布の尤度を結合しても、事後分布は正規分布になりません。

# 1.5 頻度論統計学とベイズ統計学の比較

アメリカ上院議員選挙の予測というかなり単純な例を使って、頻度論者とベイジアンがどのように分析を進めていくかを比較してみましょう。目的は、立場の違いによる問題の考え方の違いとともに、両者が持ち出すツールの違いを示すことです。問題自体は単純なのに、頻度論統計学による分析がいかに複雑なものになるかということには驚くべきものがあります。

この選挙は、決選投票とかハンギングチャド［訳注：パンチ式投票用紙の穿孔くず。これのために選別機が正しい読み取りをできず、2000年の米大統領選で問題になりました］といった問題はないものとします。単純に片方の候補がもう片方の候補よりも多くの投票を得たかどうかだけを考えればよいということです。

100人の有権者を調査したところ、候補Aを支持したのは回答者の20%でした。ここから考えればAは明らかに不利です。しかし、有権者100人という標本は十分な大きさなのでしょうか。大差をつけられた候補Aは今すぐ選挙戦から撤退した方がよいのでしょうか。

## 1.5.1 頻度論統計学のアプローチ

この節では、仮説的な平均に照らし合わせて標本平均を検定する手続きの細部をきちんと説明するつもりはありません。それについてはあとで取り上げる予定です。

ここでは、頻度論者とベイジアンのアプローチの違いの一部を意識していただきたいというだけです。

頻度論者は次のように考えます。

「20%が候補Aを支持しているという調査結果は、有権者全体の標本の1つを表しており、本来の投票手続きに従っている限り、この標本の個々の回答（投票）はほかの回答から独立している。その場合、中心極限定理が適用され、標本平均は想像上の分布（正規分布）からの観測値と考えられる。

このデータセットといくつかの前提から、20%という調査結果の周囲に**信頼区間**（confidence

31

interval）を構築できる。この信頼区間は、20%を中央値とし、たとえば下限値は5%、上限値は35%となる。何度も調査を実施すればそれら想像上の投票における候補Aの支持率は0%から100%までの任意の範囲に入るが、中心局点定理から、候補Aの支持率の推定値として最良なのは実際に実施した調査結果である20%だ。そこで、20%を中央値として信頼区間を構築しよう。

　この信頼区間の幅はほかの2個の数値の関数になる。1個は調査から得られた候補Aの支持率の20%、もう1個は分析者が信頼区間にどれだけの自信を持てるようにしたいかの基準値で、たとえば95%とする。つまり、想像上の標本平均が20%点の周辺に集まり、信頼区間の下限値と上限値の間に収まる割合を知りたいということだ。信頼区間の限界を得るためには、まず、投票調査の標準誤差を得る必要がある。

$$標準誤差 = s / \sqrt{n}$$

ただし、

　　sは100人を対象とする調査の標準偏差
　　nは調査の回答数

そしてこの場合、標準誤差は0.04だ。

　次に正規曲線の2.5%点と97.5%点を表すzスコアを標準誤差に掛ける。こうすると、95%信頼区間の範囲である20%上と下の標準誤差がわかる。zスコアの単位でいうと、信頼空間の範囲は+/-1.96の間だ。標準誤差にzスコアの単位を掛けると、0.12から0.28までの信頼区間が得られる。具体的には、0.20-0.8=0.12、0.20+0.8=0.28ということだ。

　有権者の20%しか候補Aを支持していないなら（私たちにとっての最良推定値である1回の調査結果により）、候補Aはただちに選挙戦から撤退すべきだ。有権者の12%から28%までの間の人々しか候補Aに投票しないことが95%確実である［訳注：これは頻度主義の信頼区間に対するよくある勘違いで、正しくは「調査を繰り返したとき、95%の確率で得票率12%から28%がこの信頼区間に入る」ということになります］。候補Aは28%をなんとかして50%にしなければならないが、それは容易なことではない。」

　以上はすべてExcelの「データ分析」アドインの「基本統計量」ツール（信頼区間は基本統計ではなく、推論統計のツールですが）を使って試せます。なお、データ分析ツールを使うためにはインストールが必要です。Excel for Microsoft 365へのインストール方法は

https://bit.ly/3QLT8Wx で説明されています。インストールすると、「データ」リボンに「データ分析」というコマンドを含む「分析」タブが追加されます。

　この節で説明したような検定は、頻度論統計学の推論統計ツールキットではもっとも簡単なものの1つだということを頭に入れておいてください。ここでは母分散がわかっているかどうかやt検定とz検定のどちらを使うかを選択できるぐらい標本が大きいかどうか、方向性検定と非方向性検定のどちらを選ぶか、信頼区間にまつわる確率をどう解釈するか、求めた確率に対する標本数と分散の複合効果といった問題にさえ触れていないのです。

　それでもこれは推論統計の検定としてはもっとも簡単なものなのです。頻度論の考え方はこの程度にしておいて次に進みましょう。

### 1.5.2 　ベイジアンのアプローチ

　では、ベイジアンは同じ問題にどのように取り組むのでしょうか。おそらく、次のようなプログラムを実行するためにRを起動するでしょう。

```
library(rethinking)
grid <- seq(from = 0 , to = 1 , length.out = 1000)
prior <- rep(1, 1000)
likelihood <- dbinom(x = 20, size = 100, prob = grid)
posterior <- likelihood * prior
posterior <- posterior / sum(posterior)
poll_means <- sample(grid, size = 1000, replace = TRUE, prob =
↪    posterior )
PI(poll_means, prob=0.95)
```

注：　↪ 記号は、印刷上の都合から1行に収めるべきところを2行にまたがって表示しているという意味です。実際のコードではこの2行は1行になっていなければなりません。以降でもこの記号はそのような意味だと考えてください

　コードは6個の関数から構成されており、次のように動作します。

　library関数は、PI（percentile intervals、パーセンタイル区間）関数を実行するために必要なコードを含んでいるrethinkingパッケージを読み込みます〔注：rethinkingパッケージは、Rをただインストールしただけでは使えるようになっていません。インストール方法は付録Aを参照してください〕。

seq関数は、0から1までの1000個の数値による数列を作ります。個々の数値は、前の数値よりも1/1000ずつ大きくなっています。gridには生成された数値が格納され、個々の数値は標本平均の値とされます。

rep関数は、1000個の数値1によるベクトルを作ります。つまり、prior（事前分布）は0%から100%まですべて1の一様分布です。

dbinom関数は、実際の支持率がgridの数列の個々の値（0%から100%）だったとして、（この例の場合）100件の回答のベクトルに20個の1が含まれている確率をlikelihood（尤度）に返します。dbinomが**図1-1**ではなく**図1-3**のような形で使われていることに注意してください。

posterior（事後分布）は、likelihood（尤度）とprior（事前分布）の積です（正確には、あとで説明するように正規化項で割るという操作がさらに必要ですが、分布曲線の形としてはこの2つの積で決まります）。

sample関数は、抽出後に個々の値をもとに戻すという方法でgridからposteriorの確率の重みに従って1000個の標本を抽出します。

PI関数は、調査の平均値である0.2を中央値として95%信用区間を確立します（Excelのデータ分析アドインは信頼区間の真ん中の位置を返してきますが、PI関数は自分で区間の範囲を返してくることに注目してください）。

このコードを実行すると、Rはx（ここでは20%すなわち0.2）を中央値とする95%信用区間を返してきます。それによると、信用区間は0.13から0.29までです。これはExcelを使って得られた0.12から0.28という値と非常に近い値です。

2つのまったく異なる手法で得られた結果ですが、値は非常に近いものになっています。どちらのアプローチでも、想像上の分布を扱わなければなりませんが、頻度論統計学の分布はまったくの想像であるのに対し、ベイズ統計学の分布はシミュレーションであり、まったくの想像ではありません。

頻度論統計学の手法は、中心極限定理を根拠として標本調査の平均と想像上の全体分布を比較することを正当化しています。標準誤差は直接測定されるわけではありません。これらの統計値や概念（中心極限定理、平均の標準誤差など）の正しさは頻繁に示されますが、通常それは形式的証明によってではなく、実証によってです。

　頻度論的な分析の結果とベイズ的な分析の結果が正確に一致することがまれなのは事実ですが、2つの方法の分析が一般によく似た結果を返すのも事実です。

　多くの場合、この小さな差は微積分の使い方のわずかな差のためだと説明されます。

　（しかし、本書には微積分を必要とする部分はありません。微積分はブラックボックスに隠されています）

　この分析がシミュレートされた分布を作るためにサンプリングを必要とすることが差異の原因とされることもあります。

　標本の取り方によって頻度論統計学に向かうかベイズ統計学に向かうかが大きく変わるのです。

## 1.6　まとめ

　この章にはいくつかの目的がありました。

　第1のもっとも重要な目的は、頻度論統計学をよく知っている人でもおそらく耳慣れない感じのする用語の意味を明らかにしたいということです。

　それらの用語のベイズ統計学における意味を明確にしなければ、ベイズ統計学の概念を論じていくことは困難です。

　ベイズ統計を使う根拠としてこれらの概念の説明を役立てたいという考えもあります。

　目的を説明せずに今までとは大きく異なる考え方を使ってくれとは言えないでしょう。

　少なくとも私にはとてもそんなことはできません。

　しかし、用語にまつわるもやもやが消えた今は、事前分布、尤度といった概念で分布を分析していくことによって役に立つ結果を生み出す方法に話を進めていけるようになりました。

　第2章では、事前分布、尤度、事後分布が二項分布の分析にどのように役立つかを見ていきたいと思います。

# 二項分布の事後分布の生成

## 本章の内容

- ◆ **2.1**　二項分布とは何か
- ◆ **2.2**　Excel の二項分布関数
- ◆ **2.3**　R の二項分布関数
- ◆ **2.4**　（ややこしくならない範囲での）数学による理解
- ◆ **2.5**　まとめ

　ベイズ分析は、特殊な状況で必要とされるさまざまなツールを利用しています。たとえば、メトロポリスアルゴリズムやその一種であるギブスサンプリングなどがそうです。

　しかし、ベイズ分析のほとんどの場面では、事前分布、尤度、事後分布の3つを駆使することになります。この章では、二項分布（binomial distribution）を使ってこの構造を生成する方法を説明します。

　残念ながらこれらに対しては複数の名前が使われています。「残念」と言ったのは、ただでさえ複雑な概念がさらにややこしくなるからです。たとえば、尤度は、あくまでも「観測値から考えて、母数が正しい確率」であり、「データ」とはまったく別のものですが、ベイジアンたちは「事前分布、尤度、事後分布」ではなく、「事前分布、データ、事後分布」という用語を使うことがよくあります。実際、これからの例でも「尤度」として観測値、データが繰り返し登場します。**事前分布**（prior distribution）は、単純に **prior** と呼ばれることもあれば、事前分布の同義語として**信念**（belief）や**予想**（conjecture）といった用語が使われることもあります。本書では、できる限り事前分布、尤度、事後分布という3つの用語に統一するようにしたいと思います。

　ベイズ分析では、事前分布に尤度を結合して事後分布を得ようとします。ここで使われるのがベイズ定理です。

$$P(A|B) = \frac{P(A)P(B|A)}{P(B)}$$

ベイズ定理についてはこの章のみならず本書全体でさまざまな形で論じていきますが、今の段階では、次のことを知っていれば十分です。

- P(A)は事象Aが発生する確率
- P(B)は事象Bが発生する確率
- P(A|B)は事象Bが発生したという条件のもとで事象Aが発生する確率
- P(B|A)は事象Aが発生したという条件のもとで事象Bが発生する確率

「|」という記号はパイプ記号とか縦棒などとも呼ばれますが、確率分析では、「（後者が発生している/したという）条件のもとでは」、「（後者を）所与とするとき」といった事象にコンテキストを与えるという意味で使われます。たとえば、特定の人物が民主党に党員登録しているということは**事象**（event）**A**、特定の人物が男性であるということは**事象B**と呼ぶことができます。その場合、P(A)はたとえば40%、P(B)はたとえば45%というような数字になるでしょう。そして、P(B|A)は、ある人物が民主党員だとして、その人物のような民主党員が男性である確率という意味になります。たとえばこの確率は36%だとしましょう（あくまでも仮の話であって現実を反映したものではありません）。

SNSでジャッキーという人と知り合いになったとします。ジャッキーは男性、女性の両方で使われる名前なので、知り合った当初は男女どちらなのかわかりませんでした。何らかの理由でこのジャッキーが民主党員なのかそうでないのかが気になったとします。ジャッキーが男女どちらかわからないので、ジャッキーが民主党員である確率は40%ということになります。

しかし、何度か話をしているうちに、ジャッキーは男性だと確信するようになりました。ジャッキーの性別が新たなデータです。すると、男性が人口全体の45%で、民主党員の36%が男性だということから、ある男性が民主党員であるという確率、つまりP(A|B)がわかります。0.4（P(A)）×0.36（P(B|A)）/0.45（P(B)）で0.32、すなわちジャッキーが民主党員である確率は32%だということです。男性だというデータ（尤度）が得られたことによって、40%という事前確率が32%という事後確率になったわけです。

ベイズ分析はこのような形での確率の組合せを含み、確率は事象の発生数によって決まるので、これらの発生数の組合せがたびたび分析の関心対象になります。事前分布に尤度を結合するとはそういうことです。事前分布は、カテゴリー内での発生数の推計値であったり、推計値から計算した確率であったりしますが、ただの当てずっぽうに過ぎない場合もよくあります。特定の現象の調査を始めたばかりの段階では、ただの推測に過ぎないことが多いでしょう。

# 2.1 二項分布とは何か

　分布にはさまざまな種類があります。前節で取り上げた民主党員かそうでないか、男性かそうでないかというように2種類のどちらかの値しかないものを**ベルヌーイ分布**（Bernoulli distribution）と言います。コイントスの結果（表か裏か）もベルヌーイ分布を示します。コイントスの結果は前回のコイントスの影響を受けず、毎回同じ確率で表か裏になりますが、それもベルヌーイ分布の重要な特徴です。

　コイントスのようにベルヌーイ分布を示す試行を**ベルヌーイ試行**（Bernoulli trial）と言います。そして、たとえばコイントスを10回繰り返したときに表が何枚出るかのように、ベルヌーイ試行を何度か繰り返したときに片方の結果（この結果を「成功」と呼びます）が何回発生するかの分布を**二項分布**（binomial distribution）と言います。

**NOTE**

> 　ベイズ統計学でも従来の頻度論統計学でも重要な分布としては、ベルヌーイ分布、二項分布、ベータ分布、正規分布、一様分布といったものがあります。この章と次の章では二項分布とベータ分布を扱います。本書では、その他の分布も随時取り扱います。

| | C18 | | ✕ ✓ *fx* | =BINOM.DIST(B18, $B$1, $B$2, $B$3) | | | |
|---|---|---|---|---|---|---|---|
| | A | B | C | D | E | F | G |
| 1 | 試行回数 | 10 | | | | | |
| 2 | 成功率 | 50% | （表が出る確率） | | | | |
| 3 | 関数形式 | FALSE | （個別） | | | | |
| 4 | | | | | | | |
| 5 | | | | | | | |
| 6 | | | | | | | |
| 7 | | | | | | | |
| 8 | 10投で0枚が表 | 0 | 0.10% | | | | |
| 9 | 10投で1枚が表 | 1 | 0.98% | | | | |
| 10 | 10投で2枚が表 | 2 | 4.39% | | | | |
| 11 | 10投で3枚が表 | 3 | 11.72% | | | | |
| 12 | 10投で4枚が表 | 4 | 20.51% | | | | |
| 13 | 10投で5枚が表 | 5 | 24.61% | | | | |
| 14 | 10投で6枚が表 | 6 | 20.51% | | | | |
| 15 | 10投で7枚が表 | 7 | 11.72% | | | | |
| 16 | 10投で8枚が表 | 8 | 4.39% | | | | |
| 17 | 10投で9枚が表 | 9 | 0.98% | | | | |
| 18 | 10投で10枚が表 | 10 | 0.10% | | | | |
| 19 | | | | | | | |

**図2-1**　公正コインを10回投げたからと言って、結果がかならず**表5回裏5回**になるとは限らない

図2-1は実際の二項分布を示しています。トスしたときに同じ確率で表と裏が出るコイン、つまり普通のコインのことですが、そういうコインを公正コインと言います。公正コインを使うと、表が出る確率は図2-1のB2セルに書かれている通り50%になります（ちなみに、二項：binomialという用語の前半のbiは「2」という意味、後半のnomialは「名前」という意味です。この場合、「表」と「裏」の2つの名前があります）。

しかし、公正コインを使っているからといって、10回投げればかならず表が5回、裏が5回出るとは限りません。単純に運によるものか、親指でコインを弾くときの力加減か、キャッチするまでの滞空時間の違いか、その他計測されていないさまざまな変数の作用により、10回のコイン投げで表が6回以上出たり、4回以下しか出なかったりすることがあります。

そういうわけで、この実験には表なし（裏は10回）から10回とも表（裏は0回）まで11種類の結果があり得ます。11種類の結果があると言っても、常識的に考えて、10枚全部が表になる回数よりも5枚前後の枚数が表になる回数の方が多いだろうということは想像できます。確率の法則により、公正コインを10回投げて2回表が出る確率、6回表が出る確率、10回表が出る確率などはわかります（1セット10回のコイン投げを何セットも何セットも数え切れないぐらい繰り返して、1セット平均を計算するとこの値に近づくという値です）。Excelには、これらの確率を教えてくれる関数があります。ロジックはExcelが提供し、あなたは詳細条件を指定します。

その関数はBINOM.DISTというもので、構文は次のようになっています。

```
BINOM.DIST(成功数, 試行回数, 成功率, 関数形式)
```

（）の中の4つの値を指定すると、その条件が起きる確率が式を入力したセルに表示されます。

- **成功数**［訳注：引数名はMicrosoftの日本語ドキュメント：https://bit.ly/3I4WakQ で使われているものです］：この場合はコインが表になる回数。
- **試行回数**：この場合はコイントスの回数で10。
- **成功率**：試行を無数に繰り返したときに近づく成功率のことで、この場合は公正コインなので50%。
- **関数形式**：FALSEにすると指定された成功数になる確率が返されます。TRUEにすると指定された成功数になる確率だけでなくそれよりも成功数が少なくなる確率も全部足し合わせた累積確率が返されます。たとえば、関数形式がTRUEで成功数が3、試行回数が10なら、コイントスを10回して表が0回の確率、1回の確率、2回の確率、3回の確率を合計した値が返されます。

図2-1のC8セルに次の式を入力した上で、C9:C18にC8セルをコピペすると、図2-1と同じ計算結果が得られます。図2-1のようなパーセント表示にするには、C8:C18を選択して右クリックし、メニューから「セルの書式設定」を選択して開いたダイアログボックスの「表示形式」タブで「パーセンテージ」を選び「小数点以下の桁数」で「2」を選びます。

```
=BINOM.DIST(B8, $B$1, $B$2, $B$3)
```

- 成功数、つまり表の回数はB8セルに格納されています。
- 試行回数、つまりコイントスの回数は$B$1セルに格納されています。
- 成功率、つまりコイントスで表が出る確率は$B$2セルに格納されています。
- 関数形式、つまり戻り値を累積確率にするかどうかは$B$3セルに格納されています。

B8は相対アドレスなので、C8セルをC9:C18の範囲にコピーすると、B8は行に合わせて調整されます。つまり、C9セルではB8がB9、C10セルではB8がB10に変わります。それに対し、$B$1セルから$B$3セルまでは絶対アドレスなので、C8セルをC9:C10の範囲にコピーしても変わりません。もっとも、B8だの$B$8だのといったセルの指定方法はわかりにくい感じがすると思います。次章では、セルやセルの範囲に名前をつけてわかりやすくする方法を説明します。

図2-2では、D3セルにTRUEを書き加えているので、D8:D18の範囲は指定された成功数になる確率ではなく、累積確率を示しています。

| | A | B | C | D | E | F |
|---|---|---|---|---|---|---|
| | | | fx | =BINOM.DIST(成功数, 試行回数, 成功率, 累積) | | |
| 1 | 試行回数 | 10 | | | | |
| 2 | 成功率 | 50% | (表が出る確率) | | | |
| 3 | 関数形式 | | FALSE | TRUE | | |
| 4 | | | (個別) | (累積) | | |
| 5 | | | | | | |
| 6 | | | | | | |
| 7 | | | 個別の確率 | 累積確率 | | |
| 8 | 10投で0枚が表 | 0 | 0.10% | 0.10% | | |
| 9 | 10投で1枚が表 | 1 | 0.98% | 1.07% | | |
| 10 | 10投で2枚が表 | 2 | 4.39% | 5.47% | | |
| 11 | 10投で3枚が表 | 3 | 11.72% | 17.19% | | |
| 12 | 10投で4枚が表 | 4 | 20.51% | 37.70% | | |
| 13 | 10投で5枚が表 | 5 | 24.61% | 62.30% | | |
| 14 | 10投で6枚が表 | 6 | 20.51% | 82.81% | | |
| 15 | 10投で7枚が表 | 7 | 11.72% | 94.53% | | |
| 16 | 10投で8枚が表 | 8 | 4.39% | 98.93% | | |
| 17 | 10投で9枚が表 | 9 | 0.98% | 99.90% | | |
| 18 | 10投で10枚が表 | 10 | 0.10% | 100.00% | | |
| 19 | | | | | | |

図2-2　BINOM.DISTの第4引数はオプションではなく必須

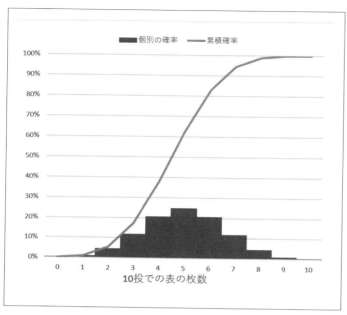

**図2-3**　累積確率はグラフ化した方が役に立つ

　たとえば、**図2-2**では、D9セルは値1.07を示しています。表示形式ゆえの丸め誤差が少しありますが、この値は**図2-2**のC8とC9の値の合計です。つまりこれは0回表になる確率0.1%と1回表になる確率0.98%の合計です。

　この節で述べている結果は、公正コイントスだけに限られたものではありません。たとえば、トランプのデッキから無作為にカードを1枚引いて黒のカードなら成功、赤のカードなら失敗とするときにも同じ結果になります（2回目にカードを引くときには最初のカードをデッキに戻さなければなりません）。どちらの場合も、結果は表か裏、黒のカードか赤のカードかの2種類です。組合せは、黒0赤10、黒1赤9、…、黒10赤0の11種類です。どの組合せにも、何度も繰り返したときに予想される決まった確率があります。

　`BINOM.DIST`が返してくるのは、このような何度も繰り返したときに予想される確率です。**図2-2**のC10セルには、10回投げて2回表になる確率として4.39%が表示されています（成功と失敗が同率の二項分布は対称分布［symmetric distributio］なのでC16セルも同じ値になります。10回投げて8回表になる確率は、10回投げて2回表になる確率と同じになるのです）。`BINOM.DIST`は、1回のシミュレーションで1セット10回のコイントスを何セットするかの指定を求めません。それは、何度も繰り返したときに予想される確率を返すからです。1セット10回のコイントスを数百セット程度したところで2回表になる確率がちょうど

4.39% になることはないかもしれませんが、総セット数が安定した結果を得られる程度に大きくなるとこの値に近づきます。

　成功の**累積確率**（cumulative probability、表 0 回、1 回、2 回…の確率の総和）がわかると役に立つ理由はいくつもあります。累積確率は、BINOM.DIST の第 4 引数を TRUE にすると得られます。Excel の総和計算の関数を使うこともできます。

　**図 2-2** の C8:C19 のように個々の確率が表示されているときに、D8 に次の数式を追加、コピーし、ドラッグで D9:D18 の範囲を選択してペーストしてみましょう。

```
=SUM($C$8:$C8)
```

　**図 2-3** は、個別の確率を棒グラフ、累積確率を折れ線グラフで表したものです。

## 2.2　Excel の二項分布関数

　Excel には BINOM.DIST と密接な関係がある関数がほかにいくつかあります。それらを使ってもこの章で説明した概念はほぼ同じですが、それらについても触れておきましょう。

　BINOM.INV 関数は、BINOM.DIST 関数の逆を返します。これは、抜き取り検査で商品全体が交渉によって決めた不良率を下回っているかどうかを判断したい売り主、買い主の両方にとって便利な関数です。両関数の構文を見てみましょう［訳注：BINOM.INV の引数名は Microsoft の日本語ドキュメント：https://bit.ly/49FsdDv で使われているものです］。

```
BINOM.DIST(成功数, 試行回数, 成功率, 関数形式)
BINOM.INV(試行回数, 成功率, α)
```

　引数リストを比較すると、次のことがわかります。

- どちらの関数にも試行回数と長期的な成功率を指定しなければならないことは同じです。この章の例で言えば、試行回数は 10 回のコイントス、成功率は 0.5、50% です（公正コインを使うという前提のため）。
- BINOM.DIST には、関数形式（個別の確率と累積確率のどちらを返すか）も指定しなければなりません。
- 関数形式引数の有無以外で 2 つの関数の大きな違いは次の通りです。

- BINOM.DISTに上記の引数とともに成功数を与えると（そして関数形式としてTRUEを指定すると）、指定された成功率で成功数が指定された値以下になる累積確率αが返されます。

- BINOM.INVに上記の引数とともに累積確率の基準値αを与えると、成功の累積確率がα以上になる成功数のなかでの最小値が返されます。つまり、関数形式がTRUEのBINOM.DISTの（おおよそ）逆です。

たとえば、次の式は0.9990を返し、

```
=BINOM.DIST(9, 10, 0.5, TRUE)
```

次の式は9を返します。

```
=BINOM.INV(10, 0.5, 0.9990)
```

ただし、**図2-2**のD列は概数です。たとえば、4枚が表の累積確率は37.70%と表示されていますが、37.69531…%の小数点以下第三位を四捨五入して37.70%としているだけなので、=BINOM.INV(10, 0.5, 0.3769)なら4が返ってきますが、=BINOM.INV(10, 0.5, 0.3770)なら5が返ってきます。また、alphaを1にすると（たとえば、=BINOM.INV(10, 0.5, 1)を実行すると）、#NUM!というエラーが返ってきます。

Excelには、二項分布以外にもベータ、ガンマ、カイ二乗、t、F、対数正規、正規分布を操作するための関数がありますが、どれも**DIST**形式と**INV**形式は同じような形になっています。

**NOTE**

> BINOM.DIST関数にcumulative引数を指定しなければならないのは、特定の成功数になる確率（cumulativeをFALSEにする）を知りたい場合と特定の成功数までの累積確率（cumulativeをTRUEにする）を知りたい場合があるからで、意味のあることです。

ExcelにはBINOMDIST（関数名のなかにピリオドが含まれていないことに注意して下さい）、CRITBINOM関数もあることに気づかれたかもしれません。これらはExcelの初期バージョンからあるレガシー関数です。ヘルプドキュメントによれば、レガシーバージョンの関数よりも現在のバージョンの方が正確です。

　**図2-2**のC8:C18の範囲をじっくり見てみましょう。C12セルは公正コインを10回トスして4回表が出る確率は20.51%だとしています。ここで実際に公正コインを10回トスして5回表が出た割合が20.51%、4回表が出た割合が24.61%だったとします。これは予想とは逆です。公正コインなら、10回のうち4回表が出る確率は20.51%、5回表が出る確率は24.61%のはずです

　これは、実際に使っていたものが公正コインではなかったということでしょうか。それとも、このコインで長くコイントスを続ければ、5回表が出る割合は24.61%よりも低くなるのでしょうか。

　理性的な大半の人々は、公正コインを疑おうとはしないでしょう。彼らからすれば、公正な50%の確率で表が出るコインという仮説を棄却するほど、この証拠は強くないということです。直観的にもそうですが、数学的にも10回トスして裏が3、4、6、7回のいずれかになる確率は64.45%です。コインが公正なものかどうかを疑うぐらいなら裏（または表）の数字を増やして公正コインらしく見せる方がましだと思うのではないでしょうか。

　しかし、異なる結論に達する場合がないわけではありません。10回投げて4回や5回表が出る割合が3回表が出る割合よりも小さかったらどうでしょうか。公正コインを10回投げて3回表が出る確率はわずは11.72%です（**図2-2**のC11セル参照）。このような結果になれば、解釈は変わるかもしれません。公正コインを長期に渡って投げ続けて予想される10回のうち5回よりも2回ずれた3回が最も頻繁に観測されるようなら、イカサマコインに手を出したのだろうと思っても不思議はないでしょう。

　最も頻繁に観測されるのが5回ではなく3回なら、コインの公正性を疑ってもおかしくない大きさです。回数そのものではなく割合で考えようと思う場合でも、12.89%の差（つまり、24.61%マイナス11.72%）は4.10%の差（24.61%マイナス20.51%）よりも大きいと感じるでしょう。

　コイントスよりも結果が重大な意味をもたらす場合（たとえば、ワクチンが安全か有害かなど）には、関連する実証研究や利益コスト分析といったものによる裏付けがほしくなるでしょう。しかし、根本的なところでは、意思決定は主観的なものであり、正しい選択によって得られる利益から見て間違った選択による不利益をどう考えるかによって決まります。この問題については、あとで不良品検査のベイズ分析を取り上げるときにもう1度考えます。

　しかし、その前にExcelではなくRで二項分布を処理する方法を説明しておかなければなりません。その方が、あとで二次近似（quadratic approximations）やマルコフ連鎖モンテカ

ルロ法（Markov Chain Monte Carlo、MCMC）を扱うときにスムーズに話を進められます。

## 2.3 Rの二項分布関数

Rは、分布を扱う関数全体の統一性を重視しているため、Excelよりもきめ細かい分析のために多彩な機能を持つ二項分布関数を用意しています。Excelには、成功数からそうなる確率を返すBINOM.DISTと累積確率から成功数を返すBINOM.INVの2個の主要関数がありました。

それに対し、Rは次のような二項分布関数を提供しています。

- dbinom(x, size, prob, log=FALSE)—cumulative引数としてFALSEを指定したBINOM.DISTのR版です。dbinomのなかのdは、密度（density）を表しています。第1引数のxは、単一の値でもベクトルでもかまいません。単一の値の場合、dbinomはsize回の試行で成功数がx回になる確率を返します（たとえば、10回のコイントスのうち4回表が出る確率）。ベクトルの場合は、次節で示すように、成功数がxの個々の値になる確率をベクトルにまとめて返します。

- pbinom(q, size, prob, lower.tail=TRUE, log.p)—cumulative引数としてTRUEを指定したBINOM.DISTのR版で、累積確率を返します。dbinomが成功数0回、1回、2回の確率としてそれぞれ3%、4%、5%を返すとき、pbinomは同じ成功数の累積確率として3%、7%、12%を返します。それに対し、ExcelはBINOM.DISTのcumulative引数（オプションではなく、必須）で成功数の確率を返すか累積確率を返すかを指定します（ワークシート関数で特定の成功数の確率を累積確率に変換するという方法もあります）。pbinomには、累積確率をトップダウンで計算するかボトムアップで計算するかをオプションで指定するlower.tail引数もあります。デフォルトのTRUEなら0からのボトムアップの下側確率（$P[X \leq x]$、つまり分位点x以下の累積確率）、FALESなら1からのトップダウンの上側確率（$P[X > x]$、つまり分位点xよりも上の累積確率）になります。

- qbinom(p, size, prob, lower.tail=TRUE, log.p=FALSE)—BINOM.INVのR版です。第1引数のpは累積確率のスカラー値かベクトル値です。size（試行の回数、10回のコイントスなら10）とprob（成功事象の発生確率、コイントスなら.5）も指定します。pがスカラー値の場合、Rは累積確率がp以上になる成功数のうち、最小のものを返します。pがベクトル値の場合は、pのそれぞれの要素に対応する成功数を求めて、pと同じ要素数のベクトル（たとえば、**012**を返します）。

● rbinom(n, size, prob)—Excelにはこれと同様の組み込み関数はありません。

● 成功率がprobのベルヌーイ試行をsize回実行したときの成功数を無作為に抽出して
n個の値を返します。返される可能性のある値はsizeだけで決まりますが（たとえば
sizeが10なら0から10までの11種類）、どの値が頻繁に返されるかはprobによっ
て左右されます。

## 2.3.1 Rのdbinom関数の使い方

dbinomを効果的に使うためには、ベクトル値を用意して渡せるようにならなければなり
ません。ベクトルの個々の値は何らかの成功数です。つまり、10回投げて表が0回、1回な
どです。dbinom関数はこのベクトルとほかの2つの引数を使って個々の成功数の確率を返
します。

たとえば、RGuiの > というコマンドプロンプトの右に次のコマンドを入力してみましょう。

```
successes = seq(0, 10, by=1)
```

こうすると、成功数、つまり表が出た回数のベクトルが作られます。Rはベクトルを作り
終えるとコンソールの次の空行にコマンドプロンプトを表示します。次のコマンドを入力す
ると、作ったばかりのベクトルの内容を確かめられます。

```
successes
```

Rはベクトルsuccessesの内容を表示します。

```
[1]  0 1 2 3 4 5 6 7 8 9 10
```

この場合、seq関数は先頭が0、末尾が10なので、11個の要素を持つベクトルを作ってい
ます。出力の左端にある角かっこのなかの数値は、すぐ右のベクトルの値の添字を示してい
ます。Rが出力の先頭行に5個の値しか表示できない場合、第2行の先頭は [6] になります。
Rの出力をファイルに書き込むのではなく、コンソールに表示している場合、Rが表示できる
幅は設定したコンソールの幅になります。write.csvでファイルに書き込んだ場合は、
個々の要素に1行が与えられ、添字のために1列が与えられて、[1]、[2]、[3]…の右に
各要素が表示されます。

では、コンソールに次のコマンドを入力してみましょう。

```
probabilities = dbinom(successes, size=10, .5)
```

このコマンドは、dbinom関数の第1引数としてベクトルsuccessesの内容を渡しています。size引数は10としています。これは、試行回数を10回にするということです。私たちの場合、試行とはコイントスのことなので10回のコイントスをするということになります。第3引数は、長期的に試行を繰り返したときに予想される確率で、コインが表になる確率は0.5です。

次のコマンドを入力すると、上の文で作られたprobabilities変数の内容、つまり成功回数（表になる回数）がsuccessesの個々の値になる確率のベクトルが返されます。

```
probabilities
```

結果は次の通りです。

```
 [1] 0.0009765625
 [2] 0.0097656250
 [3] 0.0439453125
 [4] 0.1171875000
 [5] 0.2050781250
 [6] 0.2460937500
 [7] 0.2050781250
 [8] 0.1171875000
 [9] 0.0439453125
[10] 0.0097656250
[11] 0.0009765625
```

コンソールからExcelワークシートにこの数値をコピー＆ペーストすれば、この章で先ほど実行したBINOM.DIST関数の結果と比較できます。

**TIP**

Excelの「データ」リボンの「データツール」「区切り位置」コマンドを使えば、コピー＆ペーストしたデータから角カッコで囲まれたインデックスを取り除き、Rのインデックス付きの文字列をExcelのインデックスなしの数値に変換できるので便利です。

　ウィザードの1枚目で「コンマやタブなどの区切り文字によってフィールドごとに区切られたデータ」を選び、2枚目で「区切り文字」として「スペース」だけを選び（「連続した区切り文字は1文字として扱う」はチェックされたままでかまいません）、3枚目で「削除する」を選んで「完了」をクリックしましょう。

　数値の表示がRコンソールの出力と異なるのが気になる方は、11行のデータを選択してマウスを右クリックし、「セルの書式設定」（下から1/3あたりに出てきます）をクリックすると、「セルの書式設定」ダイアログが表示されるので、「表示形式」タブの「分類」で「数値」を選択し、「小数点以下の桁数」を10にすれば、Rコンソールと同じ表示になります。Excelファイルのf2-2,3.xlsxと同じ表示にしたければ、「セルの書式設定」ダイアログの「表示形式タブ」の「分類」で「パーセンテージ」を選択し、「小数点数以下の桁数」を2にします。

　今までの指示に忠実に従っていれば、Rのdbinom関数はExcelのBINOM.DIST関数とは成功数の指定方法こそ異なるものの、同じ確率を返していることが確かめられます（第3章で説明するように、Excelでも同じように複数の成功数を指定してまとめて計算させる方法があります。そこを読めば、f2-2,3.xlsxのC8、D8セルの式の意味もわかります）。

**TIP**

　Rのwrite.csv関数でdbinom関数の出力をCSVファイルに書き込み、それをExcelでオープンした方が簡単かもしれません。次のような1行を実行すると、

```
write.csv(probabilities, "l2-1.csv")
```

　probabilitiesの内容が書き込まれたl2-1.csvというCSVファイルが作られます（なお、以上のRコードは、ダウンロードファイルのl2-1.rファイルにまとめられています）。こうすれば、Rのインデックス付きのテキスト出力をExcelの数値表示に変換する問題も解決します。

　ただし、ファイルが出力される作業ディレクトリがどこかを意識する必要があります。作業ディレクトリは、RGuiの「ファイル」メニューで「ディレクトリの変更」を選ぶとダイアログ下部の「フォルダー」に表示されるディレクトリで、write.csv関数を実行したときにファイルが保存される場所であり、その他特にディレクトリを指定せずに何かを保存したときに使われる場所ですが、それがどこかを意識しないと、保存したファイルがどこにあるのかわからなくなってしまいます。

　問題は、「ディレクトリの変更」を選んだときにダイアログのGUIに表示されるディレクトリ

がかならずしも作業ディレクトリではないことです。ダイアログ下部の「フォルダー」には別のディレクトリ名が書かれていることがあります。目立ちませんが、作業ディレクトリはそちらの方なのです。GUIで表示されているディレクトリを作業ディレクトリにしたい場合には、ダイアログ上部のディレクトリ名が表示されている部分でディレクトリ名をクリックすると、ダイアログ下部の「フォルダー」の表示が変わりますので、右下の「フォルダーの選択」ボタンを押せば、作業ディレクトリを変更できます。

こんな操作は面倒だという場合には、たとえば次のようにすると、C:\Users\Smith\Documents ディレクトリに出力できます。

```
setwd("C:/Users/Smith/Documents")
```

Windows マシンで setwd() の引数を指定するときには、ディレクトリ区切りを \ から / に置き換えなければならないことに注意してください。

Rの dbinom 関数は、log 引数も受け付けます。デフォルトでは値は FALSE です。そのため、次のどちらを実行しても、実際の長期的に思考を繰り返した時の確率0.2051が返されます。

```
dbinom(4, 10, .5, log=FALSE)
dbinom(4, 10, .5)
```

次のように log 引数を TRUE にすると、

```
dbinom(4, 10, .5, log=TRUE)
```

0.2051の自然対数である−1.584364が返されます。これは log(0.2050781) と同じ結果です。

## 2.3.2 Rの pbinom 関数の使い方

先ほどと同じ引数で dbinom ではなく pbinom を使うと、累積確率が返されます。前節と同じベクトル successes がある状態で次の関数を実行すると、

```
pbinom(successes, 10, .5)
```

次のベクトルが返されます（以上のコードは、ダウンロードファイルのl2-2.rに収めてあります）。

```
[1]  0.0009765625
[2]  0.0107421875
[3]  0.0546875000
[4]  0.1718750000
[5]  0.3769531250
[6]  0.6230468750
[7]  0.8281250000
[8]  0.9453125000
[9]  0.9892578125
[10] 0.9990234375
[11] 1.0000000000
```

dbinomから返された値の累計を計算すれば、pbinomが返す値と同じものが得られます。

lower.tail引数については、デフォルトは下側確率でlower.tail=FALSEにすると上側確率になるということを簡単に説明しました。実際にどうなるかをグラフにして見てみましょう。

まず、先ほどの例をグラフにすると、lower.tailはデフォルトのTRUEで下側確率となり、**図2-4**のようになります（ダウンロードファイルのf2-4.r参照）。

```
plot(successes, pbinom(successes, 10, 0.5), type='s')
```

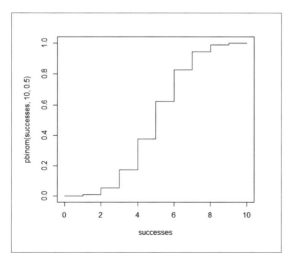

**図2-4**　試行数10、成功確率0.5の
二項分布の累積確率分布

0から1に向かってだんだん積み上がっていくことがわかります。

それに対し、`lower.tail=FALSE`にすると、

```
plot(successes, pbinom(successes, 10, 0.5, lower.tail=FALSE), type='s')
```

1から0に向かって下りてくるようになります（ダウンロードファイルの **f2-5.r** 参照）。

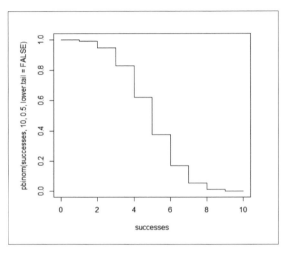

**図2-5** `lower.tail=FALSE`にすると、1から0に下りてくる

つまり、次のような足し算をすると、

```
pbinom(successes, 10, 0.5) + pbinom(successes, 10, 0.5, lower.tail=FALSE)
```

1の連続が返ってきます。

```
[1] 1 1 1 1 1 1 1 1 1 1 1
```

Excelの`BINOM.DIST`には、Rの`pbinom`の`lower.tail`に当たるものはありませんが、**関数形式引数**を`TRUE`にした`BINOM.DIST`の戻り値（下側確率になります）を1から引けば、上側確率も得られます。

### 2.3.3 Rのqbinom関数の使い方

`qbinom`関数の構文を改めて見てみましょう。

```
qbinom(p, size, prob, lower.tail=TRUE, log.p=FALSE)
```

`lower.tail`と`log.p`が上記のデフォルト値のままの`qbinom`は、Excelの次の関数と同じです。

```
=BINOM.INV(size, prob, p)
```

`qbinom`の引数は次のような意味です。

- pは累積確率の基準値のベクトル（たとえば、10回のコイントスで0回から8回表が出る確率）。`qbinom`はこの基準値に対応する成功数を返します。
- sizeは試行回数（たとえば、1回の計測で行うコイントスの回数）
- probは試行の長期的な成功率（つまり、無数に試行を重ねるうちに近づいていく確率。たとえば、公正コインによるコイントスなら0.5）

図2-6は、100個のサンプルで見つかった不良品数とロット全体で見込まれる不良品の割合の関係を示したものです。

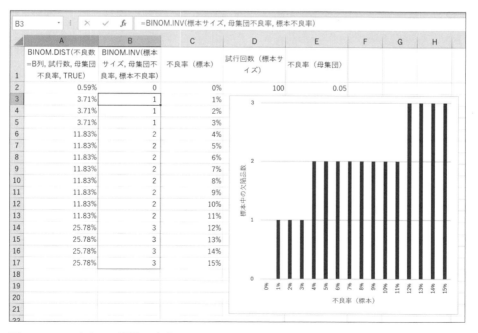

**図2-6** Rの`qbinom`関数の出力は、Excelのドキュメントに従えば、成功数の累積確率が引数の基準値以上になるような成功数の最小値と解釈される。ここでの基準値とは、サンプルの不良品数がこれ以上になるとロット全体が受入不能になるという限界値のことである

図2-6の縦軸は、サンプルで見つかった不良品の数を表しています。横軸は、ロット全体に含まれていると予想される不良品の割合を表しています。この種の分析は、抜き取り検査でよく見られるものです。

## Rのqbinomを使った抜き取り検査

ここで抜き取り検査とqbinom関数のテーマを詳しく取り上げるのは、私を含む多くの人々が最初はqbinomのロジックを少しまわりくどいものと感じるからです。

関数とその結果をベイジアンの枠組みの外から見ると、その論理がわかりやすくなります。

次のような状況について考えてみましょう。あなたは自社製品の最終工程で組み込むある複雑な装置部品の買付の交渉をしています。その部品の製造メーカーは品質の高さを評価されていますが、問題の部品を作るのは初めてです。両社は、一般的な抜き取り検査で初期ロットの100個を検査し、全体の不良率が5%以上と推定されれば最初の出荷分を返品してよいということで合意しました。

一般的な抜き取り検査とは、出荷された製品から無作為に一部を抽出して検査するということです。許容できる不良率に達するまで検査を続けます。もしその不良率に到達することがあれば、検査は終了します。検査には時間とコストがかかるので、必要でなければ100個全部の検査をするようなことは避けたいところです。その一方で、エンドユーザー製品の組み立て工場は、1個の部品にさまざまな不良があるからといって製造元に100個の部品が入った箱をまるまる返品したりはしません。

### ●qbinomの使い方

では、検査の基準に達して検査を終了するタイミングはどのようにして決めたらよいのでしょうか。出荷された製品を全数検査するという考え方もあり得ますが、それでは時間とコストがかかりすぎます。破壊検査を使わなければならない場合には、自滅的なことになるでしょう。そこで、RのqbinomかExcelのBINOM.INVを使うことにします。Rでは、次のコードを使って不良率の限界を決めます。

```
> p = seq(0, .15, by=.01)
```

ベクトルの内容は、その名前を入力すれば見られます。

```
> p
[1] 0.00 0.01 0.02 0.03 0.04 0.05 0.06 0.07
[9] 0.08 0.09 0.10 0.11 0.12 0.13 0.14 0.15
```

そして、Rで次のコマンドを実行します。

```
> size = 100
> prob = .05

> qbinom(p, size, prob)
```

以上のコードはダウンロードファイルの l2-3.r に格納されています。Rのドキュメントで使われている構文を使うとRコードが読みやすくなりますが、もちろん実際の数字を指定してもかまいません。その場合、size のところには、サンプリングする製品の数、prob のところには返品の基準となる不良率を入れます。

```
> qbinom(p, 100, .05)
```

すると、Rは次のように返してきます。

```
[1] 0 1 1 1 2 2 2 2 2 2 2 2 3 3 3 3
```

これらは、p というベクトルに格納した累積確率に対応する二項分布の成功数（この場合は不良品数）のベクトルです。次節で説明するように、**図2-6** では、Excelが BINOM.INV 関数で同じ結果を返しています。この結果の解釈方法も次節で説明します。

## Excel の BINOM.INV を使った抜き取り検査

**図2-6**（ダウンロードファイルの f2-6.xlsx 参照）では、BINOM.INV が不良率0.01から0.03までに対して返した不良数（それぞれB3からB5に含まれている）はどれも1で、不良率0.04に対して返した不良数（B6）から2になっています。これは、100個から見つかった不良品が1個だけなら出荷製品全体の不良率は厳しく見ても3%未満だと推定されるということで、ここはセーフと考えてよいというということです。

次に、不良率0.04から0.11に対して BINOM.INV が返してきた不良数を見るとすべて2になっています。これは、100個から見つかった不良品が2個なら、不良率は4%以上だが12%

未満だと推定されるということです。受入側からすると、安全を期して100個のうち2個が不良品ならアウトにしたいところでしょう。しかし、納入側からすると、100個のうち2個が不良品でも、不良率は5%以下かもしれない場合もあるので、ちょっと厳しすぎるのではないかと思うでしょう。そこで検査数を100個よりも少し増やして124個にすると、**図2-7**（ダウンロードファイルの **f2-7.xlsx** 参照）に示すように、不良品が2個以下なら出荷全体の不良率は5%未満だということになります。

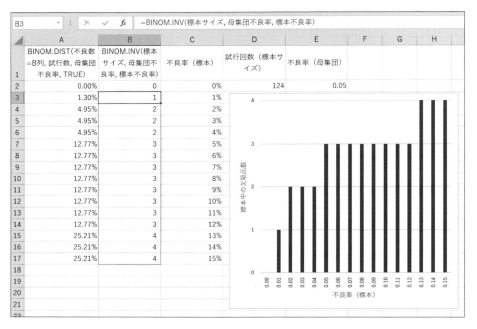

**図2-7** 124個検査して不良品が2個以下なら、出荷全体の不良率は5%未満だと推定される

**BINOM.INV** と **qbinom** が返す値は、標本数（Excelの引数名は**試行回数**、Rでの引数名は **size**）、長期的な成功率（Excelの引数名は**成功率**、Rの引数名は **prob**）、注目している累積確率のベクトル（Excelの引数名はα、Rの引数名は **p**）の3つの数値によって変わることを理解することが大切です（ここでExcelの引数名またはRの引数名と言っているのは、それぞれのドキュメントで使われている引数名ということ）。

Excelで分析をするための手順は次の通りです。次の数列をC2:C17に入力します（C2セルに）。

```
0.00, 0.01, 0.02 … 0.15
```

これは前節でpに代入したのと同じベクトルです。

B2セルには手動で0を入力した上で（DINOM.INVはαが0や1だと #NUM! エラーになります）、B3セルに次の式を入力すると、qbinomを使ったときの2番目以降の値と同じ結果が返されます。

```
=BINOM.INV($D$2, $E$2, C3)
```

この式をB4からB17にもコピペします。この式は、D2セルに100、E2セルに0.05が入力されていることを前提としています。BINOM.INV関数の戻り値が前節のqbinom関数の戻り値と同じになることに注意してください。

この例で使われている引数をまとめておきましょう。

- 検査する製品の数は、ドキュメントでRではsize、Excelでは試行回数とされている引数で指定します。この例では100です。
- 返品基準の割合は、ドキュメントでRではprob、Excelでは成功率とされている引数で指定します。この例では0.05です。
- 確率のベクトルは、ドキュメントでRではp、Excelではαとされている引数で指定します。この例の場合、Rではメモリー内のベクトルp、Excelでは**図2-6**のC3:C17の数値です。

### 2.3.4  Rのrbinom関数の使い方

Rのrbinom関数を使えば、二項分布に含まれる無作為な値のベクトルが得られます。次の構文に従って、必要な乱数値の数(n、各セットの試行回数（size）、試行の成功確率（prob）を指定します。

```
rbinom(n, size, prob)
```

rbinom関数は、単純な二項分布を使うよりも複雑な方法で事前確率を得たいときに役立ちます。

# 2.4 （ややこしくならない範囲での）数学による理解

本書の今までの部分では、一般にカテゴリー分布（categorical distribution）、名義分布（nominal distribution）、離散分布（discrete distribution）と呼ばれるような変数値の分布を取り上げてきました。このような分布には、カテゴリーの間に明確な境界があるという重要ポイントがあることを頭に入れておく必要があります。サンプルに含まれる不良品の数は、これのよい例です。サンプルに3個の不良品が含まれていたとして、そのうちの2個には1つ以上の不良としか言いようのない問題があり、1個にはあまり気にしなくてもよい不良しかなくても、不良品は3個であり、2.5個ではありません（ただし、抜き取り検査を担当する部門は不良がどのようなタイプのものかを検討するでしょう。その結果によって返品対象になるものとそうでないものは分かれるかもしれません）。

カテゴリー変数（離散変数）以外に連続変数というものもあります。連続変数も値の分布を持つことができ、それらの値にも出現頻度があり、出現確率があります。たとえば、温度、身長、コレステロール値は連続変数です。人間の身長では72.5インチ（184.15cm）は完全に真っ当な値です。しかし、生産ロットに含まれる不良品を72.5個と言うことはできません。個数に0.5個はないのです。部分的な不良がある製品は1個の不良品であり、0.5個の不良品ではありません。

連続と離散で区別をすると、カテゴリー変数を使った分析の範囲が限られてしまいますが、分布の分析自体はしやすくなります。カテゴリーに含まれるアイテムの頻度は、単純にアイテムの個数になります。出現率は、カテゴリーに含まれる標本数をすべての標本数で割れば得られます。

しかし、連続変数ではそうはいきません。**図2-8**は、平均11、標準偏差10の正規分布のzスコア-1.0から+1.0の範囲の確率密度のグラフです。このようなグラフの場合はどうでしょうか？

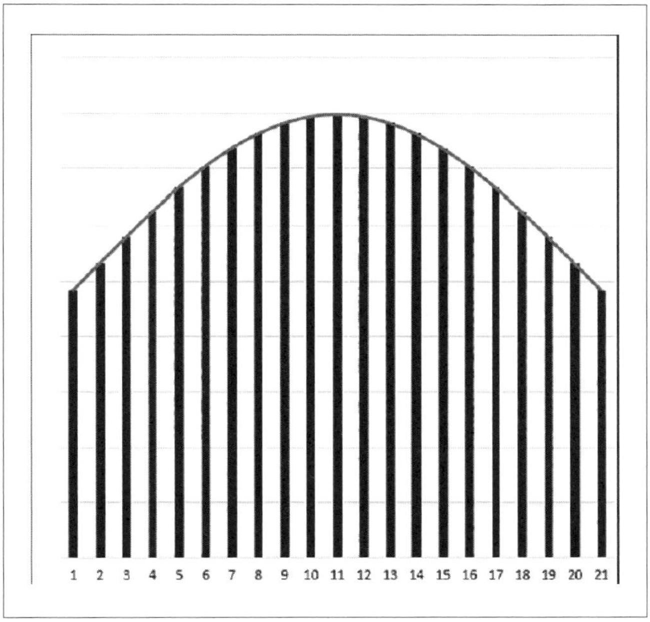

**図2-8**　連続分布の分析では、どこかでかならず微積分が関わってくる

　個々の縦棒は離散変数の値の出現頻度を表しています。ある縦棒とその隣の縦棒の上部を結ぶと直線になりますが、個々のカテゴリーの個数は、縦棒の高さに比例したものになります。

　しかし、**図2-8**が連続変数を表している場合、縦棒を結ぶ線は直線ではなく曲線になります。その線の曲率は、曲線が置かれた位置、曲線に含まれる値の範囲、縦棒の間の距離によって変わります。連続変数の分布の任意の位置に含まれる事例の出現頻度や出現率を正確に計算するためには、積分計算が必要になります。幸い、微積分計算は、Excelの BINOM.DIST やRの dbinom などと似た感じの連続分布用の関数のなかに含まれており、実際に自分でする必要はありません。この問題については、第8章でベータ分布を取り上げるときに（微積分の記号は使わずに）詳しく掘り下げていきます。

　それに対し、離散変数を扱うときには、関数のなかに含まれているかどうかを話題にするまでもなく、微積分を完全に避けることができます。実際、Rの binom やExcelの BINOM を使わずに二項分布を計算できると役に立つことがあります（「BINOM.DIST で図を作ったけど、何か変だな。関数がやっていることを分解して何が起きているのかを確認したい」と思ったときなど）。**図2-9**は、指数計算以上のものを使わずに BINOM.DIST がしていることを示したものです（ダウンロードファイルの f2-9.xlsx 参照）。

| | A | B | C | D | E | F | G |
|---|---|---|---|---|---|---|---|
| | 試行回数（n） | 10 | | | | | |
| 2 | 成功率（p） | 0.6 | | | | | |
| 3 | | | | | | | |
| 4 | 成功数（r） | | nCr | p^r | (1-p)^(n-r) | C*D*E | BINOM.DIST() |
| 5 | 10 | | 1 | 0.60% | 1 | 0.60% | 0.60% |
| 6 | 9 | | 10 | 1.01% | 0.4 | 4.03% | 4.03% |
| 7 | 8 | | 45 | 1.68% | 0.16 | 12.09% | 12.09% |
| 8 | 7 | | 120 | 2.80% | 0.064 | 21.50% | 21.50% |
| 9 | 6 | | 210 | 4.67% | 0.0256 | 25.08% | 25.08% |
| 10 | 5 | | 252 | 7.78% | 0.01024 | 20.07% | 20.07% |
| 11 | 4 | | 210 | 12.96% | 0.004096 | 11.15% | 11.15% |
| 12 | 3 | | 120 | 21.60% | 0.0016384 | 4.25% | 4.25% |
| 13 | 2 | | 45 | 36.00% | 0.00065536 | 1.06% | 1.06% |
| 14 | 1 | | 10 | 60.00% | 0.000262144 | 0.16% | 0.16% |
| 15 | 0 | | 1 | 100.00% | 0.000104858 | 0.01% | 0.01% |
| 16 | | | COMBIN(試行回数, 成功数) | 成功率^成功数 | (1-成功率)^(試行回数-成功数) | | BINOM.DIST(成功数, 試行回数, 成功率, FALSE) |

F5 セルの数式: `=$C5*$D5*$E5`

**図2-9** 二項分布の革新は組み合わせ計算にある（表内の「^」はべき乗を表しています）

　一般に $_nC_r$ という式は、「異なるn個のなかから異なるr個を取り出す組合せ」、あるいはもっと短く「n個からr個を選ぶ組合せ」と読みます。n個の異なるものからr個のものを取り出すときに、n個の要素からサイズがrの集団を作る方法が何種類あるかを返します。たとえば、Alice、Bob、Carol の3人がいるとき、ペアの作り方は Alice と Bob、Bob と Carol、Alice と Carol の3通りになります。この組合せの数は、$_nC_r$ の公式から得られます

$$_nC_r = \frac{n!}{(n-r)!r!}$$

　式のなかの!は階乗を表し、4!は4×3×2×1という意味です。3個の要素からサイズ2の集団を作る方法の数は、

$$\frac{3!}{(3-2)! \times 2!}$$

すなわち6/(1×2)で3となります。しかし、それだけではまだ終わりになりません。**図2-9** が示すように、あと3つの値が必要です。

● p（事象の確率）：コイントスをしているなら、表、裏が出る確率は0.5です。トランプのカードなら、特定のカードが出る確率は1/52です。6面ダイスなら、特定の目が出る

確率は16.67%です。

**図2-9**では、pはB2セルに書かれています。

- ● n（事象の発生回数）：B1セルに書かれています。コインが公正コインだとして、1回の実験は10回のコイントスから構成され、実験終了後に表が出た回数を記録することとします。この10回のコイントスの実験を何度も何度も繰り返します。事象の発生回数は、10回のコイントスの10です。

- ● r：成功した事象の数。10回コイントスして6回表なら、rは6になります。

## 2.5 まとめ

　次章ではベータ分布を取り上げます。そこで明らかになるように、ベータ分布と二項分布には重要な類似点と重要な相違点があります。この章で学んだように、二項分布には、変数の値の間に自然な境界があるという特徴があります。

　それに対し、ベータ分布にはそのような境界はありません。離散的ではなく連続的なのです。ベータ分布のこのような特徴が、選ぶ関数の違い（たとえば、pbinomではなくpbeta）、関数から導き出せる推論の違いに影響を与えています。その一方で、二項分布関数ファミリーの機能の大半はベータ分布関数にもあります。ベータファミリーを学習するときには、この2つのタイプの違いを意識してください。

# ベータ分布の本質

**本書の内容**

前章では二項分布とは何かについて、また二項分布を操作するExcelワークシート関数とR関数でどのような推定ができるかについて説明しました。この章では、推定の道具として二項分布以外のある別の確率分布を使う理由を詳しく掘り下げていきます。そのある分布とは**ベータ分布**（beta distribution）のことです。

ベータ分布は、さまざまな点で二項分布とよく似ています。たとえば、どちらの分布も、表か裏か、真か偽か、生き残ったか生き残れなかったかといった2つの値のどちらかを取る事象の分析に適しています。この種の事象を分析して得られるものの1つが、簡単に数えられる成功数という離散値です。

たとえば、コインが公正コインかどうか、つまりそのコインをトスしたときに表と裏が同じように出るかを分析したいものとします。事象の計測方法の性質から、結果はどうしても表が0回のとき、1回のとき、2回のときといった離散値になります。コインを投げたら表にも裏にもならず立ったままになるというようなことは考慮すべきことではないので、結果のなかに10回投げて表が5回半になるというようなものは含まれません。

同じコイントスの結果でも、試行の結果を0%から100%までの割合（成功率）で表せば、結果の種類は無限に広がります。成功率には、55%はもちろん、55.5%や55.55555%といったものもあります。前章では、公正コインを10回投げたからといって、表になる回数がかならず5回になるわけではないということを説明しました。ですから、コインを10回投げて4回表になったけれども6回裏になったから公正コインではないと判断することはできません。

公正コインかどうかの分析では多数の試行が必要になります（野球選手の打率を比較すると
きでも、規定打席以上の打席数がなければ比較の対象に入れてもらえませんよね？）。そし
て、無限の値を表現できる％のような連続値を使います。

　しかし、精度の高い指標があっても、ソフトウェアがそれを処理できなければあまり役に
立ちません。そこでベータ分布の出番がやってきます。二項分布では通常できないけれども
ベータ分布ならできることがあります。この章では、それを説明したいと思います。

## 3.1　Excelによるベータ分布の分析

前章と同じようにExcelで使えるワークシート関数を紹介するところから初めましょう。

**NOTE**

> 　このように提案するのは、Excelがインストールされていないコンピューターはまずないから
> であり、離散分布を初めて学ぶときにExcelの関数を使う人がとても多いからです。
> 　使い慣れているものを使えば自信がついていきます。

　Excelで二項分布を扱う関数は2種類だけでした（レガシー関数は別として）。指定された
成功数になる確率（分布ヒストグラムの1本の棒の面積）か、成功数が指定された回数以下
になる累積確率（指定された棒とその左にあるすべての棒の合計面積）についての情報を返
す `BINOM.DIST` と、指定された累積確率よりも成功の累積確率が大きくなる成功数のうち
最小のものを返す `BINOM.INV` です。

　Excelがベータ分布で使っているのも同じようなパターンです。試行の結果が引数の成功
率（A、B引数を指定しなければ、X引数、つまり分布のX軸がとり得る値として指定できる
値は0から1までの値になります。これは成功率と解釈できる分位数です）になる確率密度、
または試行の成功率が引数の分位数以下になる累積確率を返す `BETA.DIST` 関数と引数の
値が成功率0からどの分位数までの累積確率かを返す `BETA.INV` 関数（わかりにくいかも
しれませんが、引数として累積確率を取り、対応する分位数としての成功率を返す）の2つ
があります。

**NOTE**

分位数、分位点、分位値、クォンタイル（quantile）とは、比率、確率、割合を分割する区間上の点のことです。よく使われる分位数としてはパーセンタイルと四分位数があります。

値が昇順に並べられているという前提のもとで、1パーセンタイルとは、最小値の位置から最大値の位置までを百等分して最小値の0パーセンタイルの次の位置を示す点です。2パーセンタイルは、1パーセンタイルの次の位置を示す点です。第1四分位数は値の下位25%と上位75%を分割する点の値です。中央値は上位50%と下位50%を分割する点の値です。

BETA.DIST と BETA.INV は、BINOM.DIST と BINOM.INV が互いに逆になっていたのと同じように、互いに逆になっています。そこで、次の式は、

```
=BETA.DIST(0.47, 18, 31, TRUE)
```

成功率として0.47（つまり47パーセンタイルの位置）、母数α（成功数+1）として18、母数β（失敗数+1）として31を指定し、第4引数（Cumulative、累積）として TRUE を指定して、α、βによって定義されるベータ分布で成功率が47パーセンタイル以下になる確率（0%から47%までの累積確率）を要求していることになります。この関数は0.9292という値を返します。成功率が47%未満になる確率が約92.9%だということです。

次に、この式の逆を考えてみます。

```
=BETA.INV(0.9292, 18, 31)
```

BETA.INV の引数として、0.9292という累積確率と、母数α（成功数+1）18、母数β（失敗数+1）31を指定しているわけです。この式は0.47を返します。

そういうわけで、BETA.DIST と BETA.INV は逆の関係になっています。
BETA.DIST に成功率の分位数（と累積=TRUE）を与えると対応する累積確率が返され、BETA.INV に累積確率を渡すと対応する成功率の分位数が返されます。

ここからは、BETA.DIST と BETA.INV が密接な関係を持っていることはわかりますが、類似性は完璧ではありません。BETA.INV には累積引数がありませんが、BETA.DIST には累積引数があり、しかも必須となっています。BETA.DIST の累積引数にはデフォルト値が与えられていないので TRUE か FALSE を指定しなければなりません。

さらに、`BETA.DIST` と `BETA.INV` はともに引数として成功（たとえば表）の回数+1と失敗（たとえば裏）の回数+1を受け付けますが、`BINOM.DIST` と `BINOM.INV` は成功（たとえば表）の回数と**試行**（たとえば表と裏の両方）の回数を受け付けます。この違いにどのような意味があるのかはわかりにくいかもしれません。

しかし、次節でそれぞれの公式を見比べれば理解できるでしょう。公式で何が母数、つまり分布の形を決める値になっているのかに注目してください。

# 3.2 ベータ分布と二項分布の比較

二項分布とベータ分布の違いとしてもっともはっきりしているのは、曲線の下の領域を分割する分位数（x軸の値）の性質でしょう。二項分布では、部分は離散的で、比較的大きなもの（たとえば、四分位数は領域全体を1/4ずつに分割し、中央値すなわち50パーセンタイルは領域全体を半分に分割します）も比較的小さなもの（たとえば、パーセンタイルは領域全体を1/100ずつに分割します）もありますが、いずれにしても有限個です（分位数というような割合ではなく、たとえば0回から10回までの成功数のように考えた方がわかりやすいかもしれません）。

それに対し、ベータ分布では分布曲線は連続していて理論上無限の分位数に分割でき、分布曲線とx軸の分位数の間にy軸と平行な線分を無限に定義できます。

これは残念なことであると同時にうれしいことでもあります。ベータ分布でうれしいのは、与えられた累積確率に対応する分位数を正確に、つまり計測手段が提供している最高の精度で知ることができることです。それに対し、二項分布では累積確率の値がどの分位数（成功数）と対応しているかを正確に示せず、累積確率が引数以上になる分位数のなかで最小のものを返せるだけです。

たとえば、**図2-6**を見てみましょう。不良品が1個だけのサンプルは、0.01、0.02、0.03のどれかの分位数に属することがわかるだけです。

それに対し、ベータ分布なら事象の分位数を必要な精度で指定できます。もちろん、精度の高さはかならずしも必要ではない場合もありますが、必要なときには高い精度が得られるのはよいことでしょう。

ベータ分析の連続性が残念だというのは（実際にはそれほど残念ではないのですが）、少し余分に計算が必要になることです。それぞれの分布の背後にある数学的性質について考えて

みましょう。まず、第2章で二項分布の計算方法について説明したことを復習しておきます。

二項、ベータ、正規、ポワソン、その他何であれ、確率分布について考えるときに特に重要なのは、連続分布の確率密度関数（probability density function、PDF）と離散分布の確率質量関数（probability mass function、PMF）です。

**図2-9**に示すように、二項分布のPMFは次のものです。

$$\mathrm{PMF} = {}_nC_r\, p^r (1-p)^{(n-r)}$$

ただし、

- nは試行（たとえばコイントス）の回数
- pは成功（たとえば表が出る）する確率
- rは試行で実際に成功した（表が出た）回数
- ${}_nC_r$はn件の事象からr件の事象を取り出すときの組合せの数。Excelには、この数を答えてくれる=COMBIN(n, r)という便利な関数があります

式の第1の要素である${}_nC_r$は、n件の事象からr件の事象の集団を抜き出す組合せの個数を示します。たとえば、21枚のコインを投げて3枚が表になる組合せは=COMBIN(21, 3)で得られます（1,330通り）。事象は互いに独立に発生するという前提なので、同時確率はそれらの事象が起きる確率の積になります。たとえば、21枚のコインを投げて表が3枚になるということは、21-3=18枚が裏になるということです。

式の第2の要素$p^r$は表がr回出る確率、第3の要素[$(1-p)^{(n-r)}$]は裏がn−r回出る確率を表しており、その積は表がr枚だけになる同時確率を表しています。その確率になる事象の組み合わせがnCr通りあるわけです。

次に、この二項分布のPMFの公式と次に示すベータ分布のPDFの公式を比較してみましょう。

$$\mathrm{PDF} = \frac{p^{(\alpha-1)}(1-p)^{(\beta-1)}}{\mathrm{beta}(\alpha,\beta)}$$

こんなことをするのは嫌ですがやむを得ません。できる限り先延ばしにしてきましたが、この種の分析では用語上の重大な問題に立ち向かわなければなりません。データを分析する

だけなら邪魔になりませんが、ブラックボックスのなかで行われていることを理解するためには障害になります。この種の作業はExcelやRが面倒を見てくれることを忘れないようにしてください。

　まず、今示したPDFの公式はベータ分布を返します。

　長期的に予想される確率に完全に従わない試行、たとえば公正コインを12回トスして表が6回ではなく4回や8回出ることがどれだけの確率で起きるかを教えてくれます。

　それはまったく文句のないことですが、ベータ分布はベータ関数なるものを使っています。それはPDF公式の最後の部分、つまり分母にある次のものです。

$$\mathrm{beta}(\alpha, \beta)$$

　分布の名前がベータであるだけでなく、関数の名前もベータ、関数の2個の引数のうちの片方の名前もベータなのです。ベータ分布のPDF公式の分母にベータ関数があり、その2個の引数のなかにαとβがあるというわけです。

　αは成功数+1、βは失敗数+1です（pの指数はα−1で成功数、1−pの指数はβ−1で失敗数そのものです）。

　では、ベータ関数とは何なのでしょうか。ベータ関数はガンマ関数を使います。
　次の公式では、ガンマはギリシャ文字のΓで表されています。

$$\mathrm{beta}(\alpha, \beta) = \frac{\Gamma(\alpha)\Gamma(\beta)}{\Gamma(\alpha + \beta)}$$

　二項分布のPMF公式は、一連の試行における成功の組合せの数を明らかにするために $_nC_r$ という式を使っていました。$_nC_r$ 式は単純な階乗を利用して組合せ数を計算しますが、単純な階乗が定義されているのは整数だけです。しかし、ベータ分布は非整数の分位数を表現できます。

　その非整数のハードルを飛び越えるのがΓ関数です（Γ関数はGAMMA関数という形でExcelツールキットの一部になっています）。

　**図3-1**は、ベータ分布のPDF公式を直接計算した結果とExcelの**BETA.DIST**の出力が同じになることを示しています（ダウンロードファイルの**f3-1.xlsx**参照）。

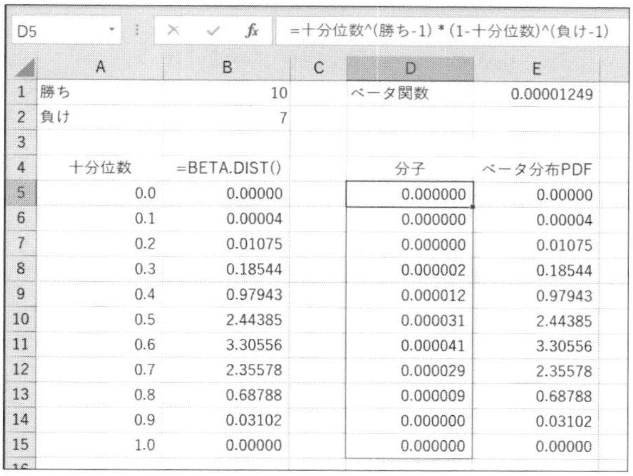

D5 =十分位数^(勝ち-1) * (1-十分位数)^(負け-1)

| | A | B | C | D | E |
|---|---|---|---|---|---|
| 1 | 勝ち | 10 | | ベータ関数 | 0.00001249 |
| 2 | 負け | 7 | | | |
| 3 | | | | | |
| 4 | 十分位数 | =BETA.DIST() | | 分子 | ベータ分布PDF |
| 5 | 0.0 | 0.00000 | | 0.000000 | 0.00000 |
| 6 | 0.1 | 0.00004 | | 0.000000 | 0.00004 |
| 7 | 0.2 | 0.01075 | | 0.000000 | 0.01075 |
| 8 | 0.3 | 0.18544 | | 0.000002 | 0.18544 |
| 9 | 0.4 | 0.97943 | | 0.000012 | 0.97943 |
| 10 | 0.5 | 2.44385 | | 0.000031 | 2.44385 |
| 11 | 0.6 | 3.30556 | | 0.000041 | 3.30556 |
| 12 | 0.7 | 2.35578 | | 0.000029 | 2.35578 |
| 13 | 0.8 | 0.68788 | | 0.000009 | 0.68788 |
| 14 | 0.9 | 0.03102 | | 0.000000 | 0.03102 |
| 15 | 1.0 | 0.00000 | | 0.000000 | 0.00000 |

**図3-1**　0から分析を組み立てていくよりもExcelのBETA.DIST関数を使った方がはるかに簡単

**図3-1**には説明を加える必要があるでしょう。ポイントは、Excelの**BETA.DIST**関数が返すベータ分布のPDFが公式に忠実な計算と同じ結果を返すことです。B5からB15までに表示されている**BETA.DIST**関数の結果と、E5からE15までに表示されている公式に基づく値を比較してみてください。

**図3-1**のワークシートの重要なセルには、関数と公式をたどりやすくするために名前をつけてあります。たとえば、B1セルを選択すると列ラベルのすぐ上の領域の左端にある名前ボックスにB1と表示されますが、そこに「勝ち」と入力すればB1セルに**勝ち**という名前をつけられます（でも、実際には「勝ち+1」であることを忘れないでください）。

「数式」リボンの「定義された名前」にある「名前の管理」や「名前の定義」でもセルまたはセルの範囲に名前をつけられます。

B1セルに**勝ち**という名前をつけたい場合には、「名前」フィールドに「勝ち」、「参照範囲」フィールドに「=Sheet1!$B$1」と入力し、「範囲」フィールドのドロップダウンリストでシート名(デフォルトのままなら"Sheet1")を選択して「OK」ボタンをクリックします。ただし、この章の図のようにA1セルに「勝ち」と書いた上で、B1セルを選択して「名前の定義」を選ぶと、「新しい名前」ダイアログボックスが開かれ、「名前」には「勝ち」、「参照範囲」には「=Sheet1!$B$1」が入力された状態になりますので、ただ「OK」ボタンを押せばB1セルに**勝ち**という名前をつけられます（「名前の管理」を選んでダイアログボックス内でさらに「新規作成」を選んでも同じ「新しい名前」ダイアログボックスが表示され、同じように名前を定義できます）。

**図3-1**で定義されている名前と意味をまとめておきましょう。

- 勝ち：B1 セル。ベータ分布の2つの母数の片方です。勝ちとしましたが、サバイバル成功とか不良品でもかまいません。図3-1のB1 セルの値は10です。

- 負け：B2 セル。ベータ分布の2つの母数のもう片方です。負けとしましたが、サバイバル失敗とか合格品でもかまいません。図3-1のB2 セルの値は7です。

- 十分位数：A5:A15の範囲。この範囲には曲線の範囲の1/10ずつの十分位数が書かれています。つまり、A5:A15の値は、0, 0.1, 0.2, …, 0.9, 1.0です。A5 セルに =SEQUENCE（11，1，0，0.1）という式を入力すると、A5 セルからの11行1列（つまりA5:A15。11と1はSEQUENCE関数の第1、第2引数です）に0（第3引数）から0.1（第4引数）ずつ加えた数列を表示するという意味になり、A5:A15に11個の数値が表示されます（この動作については、すぐあとのケーススタディ「動的配列数式」で説明しています）。A5:A15の範囲を選択して名前ボックスに「十分位数」と入力すれば、この範囲に十分位数という名前をつけられます。

- ベータ分布：B5:B15の範囲。この範囲には、Excelのベータ分布関数、BETA.DISTの戻り値が表示されます。B5 セルには、=BETA.DIST（十分位数，勝ち，負け，FALSE）という式が入力されています。こうすると、B5 セルにはA5 セルと勝ちの10、負けの7、FALSEを引数としてBETA.DIST関数を呼び出した結果、B6 セルにはA6 セルと10、7、FALSEを引数としてBETA.DIST関数を呼び出した結果…B15 セルにはA15 セルと10、7、FALSEを引数としてBETA.DIST関数を呼び出した結果が表示されます。セルの範囲に十分位数という名前をつけているため、名前の部分がこのように展開されるわけです。

- 分子：D5:D15の範囲。この範囲では、ベータ分布の公式の分子を計算していますが、この計算は二項分布のPMFのnCr式を除いた部分と似たところがあります。分子の値がわかれば分布の水平軸の分位数を推定するために役立ちますが、二項分布の分位数はコインを10回投げて表が2回出た回数のように有限の整数です。それに対し、ベータ分布ではこの値から理論的に無限の連続値の分位数が導き出せます。D5 セルに =十分位数^（勝ち-1）*（1-十分位数）^（負け-1）という式を格納しています。

- ベータ関数：E1。ベータ関数は少し前のところで定義しました。ベータ分布のPDFを返すときのベータ関数の目的は、確率の数値の正規化（規格化とも言います）です。正規化とは、分布曲線の下の面積が1、すなわち100%になるようにすることです。ベータ関数は、複素数の階乗計算に相当するガンマ（Γ）関数の値の比です。二項分布のPMFでは、事象の回数の階乗を計算していたことを思い出しましょう。階乗は整数であり非連続です。D5:D15までの分子に対する分母として、E1 セルに =GAMMA（勝ち）*GAMMA（負け）/GAMMA（勝ち+負け）というベータ関数の公式を入力しています。

● ベータ分布PDF：E5:E15の範囲。分子をベータ関数で割るとE5セルからE15セルまでの値が得られます（E5セルに＝分子／ベータ関数という式を入力しています）。E5:E15がB5:B15と等しいことはすでに触れた通りです。

## ケーススタディ：動的配列数式

　第2章でRの`dbinom`関数を「効果的に使うためには、ベクトル値を用意して渡せるようにならなければなりません」と言いましたが、Excelでも2018年9月に導入された動的配列数式を使えば同じようなことができます。それまでのExcelの数式は1つの値しか返しませんでしたが、複数の値を返せるようになったのです。

　たとえば、**図3-1** のB5:B15の値はExcelの`BETA.DIST`で計算したものですが、B5セルに`=BETA.DIST(十分位数，勝ち，負け，FALSE)`という式を入力するだけで11行の数値が出力されます。B6:B15には何も入力する必要はありません。

　逆に、B6:B15のどれかのセルに何らかの値や式が入力されている状態でB5セルにこの式を入力すると（あるいは、B5セルに式を入力してからB6:B15のどれかのセルに値や式を入力すると）、B5セルに＃スピル！というエラーが表示され、入力のないセルは空白になります。「スピル」は「あふれてこぼれる」という意味の英語spillで、B5セルの式によってB6:B15に出力が「あふれ出す」ということを表していますが、B6:B15のどこかのセルに何らかの入力があると、矛盾を起こしてあふれ出せなくなるということです。このエラーが出ても、エラーの原因となった入力を削除すれば、11行の出力が表示されます。

　古いバージョンのExcelをずっと使ってきた方は、B5セルの0.00000だけが表示されるという動作に慣れていることでしょう。新しいバージョンのExcelでも、B5セルに`=BETA.DIST(@十分位数，勝ち，負け，FALSE)`と入力すれば（動的配列数式の式とは異なり、範囲名の十分位数の前に@をつけています）、B5セルの0.00000だけが表示されます。そして、B5:B15が選択された状態で上の式を[Ctrl]-[Enter]で入力するか、上の式でB5セルに0.00000だけが表示された状態でそのB5セルをコピーしてB6:B15にペーストすると、動的配列数式を使ったときと同じ表示が得られます。

　しかし、動的配列数式を使ったときとは異なり、B6セルだけ削除したり別の値を入力したりしても、＃スピル！エラーは起きません。この@は**共通部分演算子**（implicit intersection operator）と呼ばれていますが、下位互換性を維持するためのものであり、そのようなニーズがなければ動的配列数式を使うべきです。

　分位数ということでは、`BETA.DIST`や`BINOM.DIST`の結果はグラフにすると効果的だということも覚えておいてください。分布の性質がわかりやすくなるというだけでもグラフ

化には意味があります。

　もっとも、何でもグラフにすればよいというものではありません。たとえば、**図3-2**は、分位数を四分位数にして5つの確率密度を直線で結んで折れ線グラフにしたものです（ダウンロードファイルの**f3-2.xlsx**参照）。このグラフは本当にこのベータ分布（2つの母数が10と7のベータ分布）を正しく伝えているでしょうか。

　いえ、このグラフはヒントを与えてくれますが、不正確です。
　少しでも正確にするにはどうすればよいでしょうか。分位数を増やすことです。一般に、分位数の数はほとんどコストをかけずに増やせます。たとえば、四分位数ではなくパーセンタイルで計算を実行せよとソフトウェアに指示するだけです。**図3-3**は、そのようにして分位数をパーセンタイルにしたものです（ダウンロードファイルの**f3-3.xlsx**参照）。**図3-3**のグラフは**図3-2**のグラフよりもはるかに正確です。

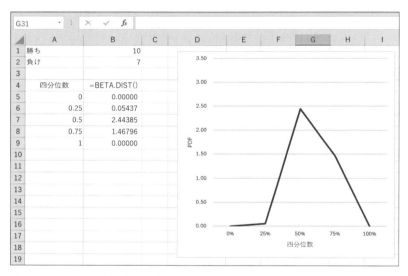

**図3-2**　分位数が少なすぎるとグラフは誤解を招く

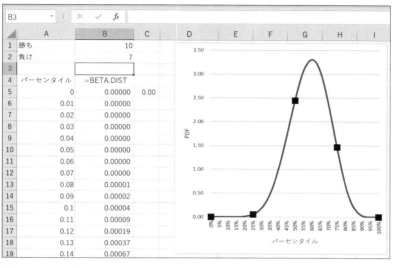

**図3-3** このグラフは17回の試行で10回の成功のベータ分布がどのようなものかをはるかによく
描いている

　**図3-3**のグラフは、A列に101個の分位数を置いて、それぞれの確率密度を計算し、Excel
の折れ線グラフとして描いたものですが、折れ線ではなくほとんど曲線のように見えます。
確率密度関数は決して折れ線にはなりません。曲線に見えるような形でなければ誤解を生み
ます。**図3-3**には、**図3-2**の5個の分位数も曲線上のマーカーという形で示しています。見え
ているものが正方形とそれを結ぶ線分だけなら（つまり**図3-2**のようなものなら）、表示され
ていないデータに対して思い描くイメージは大きく異なるものになるでしょう。

　**図3-2**の最大の欠点は、確率密度が最大になるのが50パーセンタイルで、確率密度が2.5
弱よりも上がらないように見えることです。実際には、**図3-3**が示すように3.3程度まで上が
ります。

　なお、**図3-3**のB1セル（**勝ち**）とB2セル（**負け**）の数値を変えると、さまざまなベータ分
布のグラフが見られます。たとえば、**勝ち**を91、**負け**を61にすると、45パーセンタイル以
下と75パーセンタイル以上はほとんど0になる一方で、確率密度最大の60パーセンタイル
は10.02まで上がります。**勝ち**を901、**負け**を601にすると、54パーセンタイル以下と66
パーセンタイル以上はほとんど0になる一方で、同じく確率密度最大となる60パーセンタイ
ルは31.55まで上がります。今選んだ母数は、どれもそれぞれ1を引くとちょうど3:2になる
数値なので、60パーセンタイルの確率密度が最大になります。

# 3.3 ExcelのBETA.DISTのヘルプページの解読

Excelのヘルプ（`https://bit.ly/47YfZED`）はBETA.DIST関数の第2、第3引数について次のように説明しています。

- α：必ず指定します。確率分布のパラメーターを指定します。
- β：必ず指定します。確率分布のパラメーターを指定します。

初めてこれを読んだとき、私には何の話だかさっぱりわかりませんでした。αとβがベータ分布の母数（parameter）であることはわかりましたが、何の母数なのでしょうか。平均と分散？中央値と歪度？Pバーとθ？

あなたはこの説明を読んだだけでわかりますか？（もちろん、答えはもう説明してありますが）

少し実験し、Google検索からも有意義なヒントを得た結果、αとβは二項分布の母数と関係がありそうだということがわかりましたが、はっきりとしたことはわかりませんでした。

二項分布でも2つの母数を使いますが、BINOM.DISTの引数は**成功数**と**試行回数**です。ベータ分布はそれとは違うようでした。

さらに調べた結果、ベータ分布ではαはBINOM.DISTの引数を使って言えば**成功数**+1、βは**試行回数-成功数**+1だということがわかりました。**試行回数-成功数**を**失敗数**と言ってもよいとすれば、**失敗数**+1です。二項分布でもAと非A、成功と失敗、真と偽、勝利と敗北、販売品と非売品といった2つの値を使いますが、BINOM.DISTの第2引数は失敗数ではなく試行回数です。

しかし、ベータ分布では、αはこれらのどれか+1を表すものの、βはこれらのもう一方+1を表します。だから9個の真+1と6個の偽+1、9回の勝利+1と6回の敗北+1、9個の販売品+1と6個の非売品+1のようになるわけです。

本書では便宜上、αを「勝ち」、βを「負け」と呼んできましたが、最初から何度も言っているように、実際には+1という操作が必要なのです。厳密性が要求される公式のドキュメントでは、**成功数**、**失敗数**とは言い難いのでα、βという名前になったのでしょうか。それでも、もう少し説明のしようはないものかとは思います。

**NOTE**

> 　ベータ分布の平均はα/（α＋β）、分散はαβ/［（α＋β）²（α＋β＋1）］です。そして、最頻値（長期的な成功率にもっとも近い値でもあります）はα−1/（α＋β−2）です。**図3-2**、**図3-3**はαが10、βが7でしたから、曲線の最高点である最頻値は(10-1)/（10+7-2）=9/15=0.6、すなわち60パーセンタイルの値だったわけです。

### 3.3.1 　スケール変更のためのA，B引数

　ExcelのA、B引数（`BETA.DIST`関数の第5、第6引数）も最初は謎めいて見えました。これらはオプションですが、0から1までではない範囲を指定できるようにします。0から1までにスケーリングされていないということは比較しづらいということなので、あまり使いやすくないということにもなり得ます。たとえば、**図3-3**の分析について考えてみましょう。B列の数式（B5セルに入力されている動的配列数式）は、次の通りです。

```
=BETA.DIST(パーセンタイル, 勝ち, 負け, FALSE)
```

　A、B引数は使われていません。これらを省略した場合、デフォルトでAは0.0、Bは1.0になります。

　**図3-3**の0.01刻みの数列がある状態で次の式を入力すると、0.1から0.2までの範囲で確率密度を表現することになります。

```
=BETA.DIST(パーセンタイル, 勝ち, 負け, FALSE, 0.1, 0.2)
```

C5 =BETA.DIST(パーセンタイル, 勝ち, 負け, FALSE, 0.1, 0.2)

| | A | B | C | D | E |
|---|---|---|---|---|---|
| 1 | 勝ち | 10 | | | |
| 2 | 負け | 7 | | | |
| 3 | | | | | |
| 4 | | パーセンタイル | A=0.1、B=0.2 | | 十分位数 |
| 5 | 0 | 0.0000000 | #NUM! | 0.0 | 0.0000000 |
| 6 | 0.01 | 0.0000000 | #NUM! | 0.1 | 0.0000426 |
| 7 | 0.02 | 0.0000000 | #NUM! | 0.2 | 0.0107482 |
| 8 | 0.03 | 0.0000000 | #NUM! | 0.3 | 0.1854401 |
| 9 | 0.04 | 0.0000000 | #NUM! | 0.4 | 0.9794257 |
| 10 | 0.05 | 0.0000001 | #NUM! | 0.5 | 2.4438477 |
| 11 | 0.06 | 0.0000006 | #NUM! | 0.6 | 3.3055617 |
| 12 | 0.07 | 0.0000021 | #NUM! | 0.7 | 2.3557758 |
| 13 | 0.08 | 0.0000065 | #NUM! | 0.8 | 0.6878820 |
| 14 | 0.09 | 0.0000176 | #NUM! | 0.9 | 0.0310246 |
| 15 | 0.1 | 0.0000426 | #NUM! | 1.0 | 0.0000000 |
| 16 | 0.11 | 0.0000938 | 0.000426 | | |
| 17 | 0.12 | 0.0001919 | 0.107482 | | |
| 18 | 0.13 | 0.0003682 | 1.854401 | | |
| 19 | 0.14 | 0.0006694 | 9.794257 | | |
| 20 | 0.15 | 0.0011611 | 24.438477 | | |
| 21 | 0.16 | 0.0019332 | 33.055617 | | |
| 22 | 0.17 | 0.0031048 | 23.557758 | | |
| 23 | 0.18 | 0.0048290 | 6.878820 | | |
| 24 | 0.19 | 0.0072982 | 0.310246 | | |
| 25 | 0.2 | 0.0107482 | #NUM! | | |
| 26 | 0.21 | 0.0154618 | #NUM! | | |

**図3-4**　この分析はわざと0から1までではない範囲を使っている

A、B引数の範囲外の分位数に対応するセルには`#NUM!`エラーが表示されます（**図3-4**。ダウンロードファイルの`f3-4,5.xlsx`参照。この図からも明らかなように、範囲の両端でも`#NUM!`エラーが表示されることがよくあります（`A=0.0`、`B=0.1`なら、`0.0`、`0.1`のどちらでも`#NUM!`ではなく`0.00000`が表示されます）。

さて、スケールを変えるとはどういうことでしょうか。A、B引数を指定しないデフォルトの`BETA.DIST`関数から得られるベータ分布では、0から1までの範囲で分布曲線の下の面積が1になるように確率密度を計算するので、2つの母数が比較的小さくて各分位数に同じような確率密度が散らばっていれば、個々の確率密度はあまり大きくなりませんが、この例のように0.1から0.2までに範囲を狭めると、その狭い範囲で同じように分布曲線の下の面積を1にしようとするため、数字が大きくなります。

**図3-5**を見てください（このグラフは、同じ`f3-4,5.xlsx`ファイル内にあります）。棒グラフは`f3-4,5.xlsx`のC15:C25（ただし、`#NUM!`になっている両端のセルは0としています）を二項分布風に棒グラフで表示しているのに対し、折れ線グラフは、0.1から0.2までを100分割し、それぞれを**成功率**引数として`BETA.DIST`を呼び出した結果をつなげたもので、ベータ分布本来の曲線に似せたものです。11本の棒（両端はほとんど見えないぐらいの高さですが）の面積を足し合わせると、ほぼ100に等しくなります（`f3-4,5.xlsx`の

C107セルで合計を計算していますが、約99.99748です）。

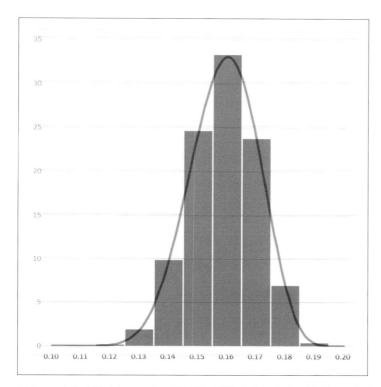

**図3-5** 十分位数ぐらいでも、同じ幅で確率密度の高さの棒グラフを描いて面積を計算すれば、ベータ分布の曲線の下の面積にかなり近い値になる

　確率密度を足し合わせるということは、1本の棒の幅が1だと仮定して棒グラフの面積を計算するのと同じです。しかし、実際には11本の棒全体の幅は0.2-0.1で0.1だけしかありません。そして、棒グラフの棒は、たとえば0.2の棒なら0.2を中心として左右に0.005ずつせり出す（つまり、0.195〜0.205）形で描くわけですから、両端の棒は太さが半分ずつになります。

　要するに、棒の本数は1本減らして10本だと考えてよいだろうということです。すると、1本の棒の幅は、0.1/10で0.01だということになります。そこで、棒グラフ全体の実際の面積は、99.99748に0.01を掛けた約1だということになります。

　では、A、B列のパーセンタイルの方はどうでしょうか。100個の確率密度の値の総和を計算し、100で割れば1になるはずです。B107セルにB5:B105の総和の計算結果が表示されていますが、まさに小数点以下は7位以上0の100.0000000です。分位数が多くなれば、曲線と棒グラフのズレも小さくなることが想像できますから（実際、この「曲線」は101個の点をつないだ折れ線グラフです）、より正確になることは想像できるでしょう。

　D、E列は、0から1までを10等分した十分位数でどうなるかを示しています。

　この場合も10で1を割って、1本の棒の幅は0.1です。すると、十分位数で作った棒グラフの面積はE107の9.9997482に0.1を掛けた0.9997482で、やはり約1になります。

　この10分位数のE列をC列のA=0.0、B=0.1と比較すると、E列はC列のちょうど1/10になっていることがわかります。これはC列の棒の幅が0.01だったのに対し、E列の棒の幅が0.1だということを反映しています。

　さらに、十分位数の0.1の値とパーセンタイルの0.1の値もともに0.0000426で同じになっています。BETA.DIST関数のA、B引数は、少なくともこのような学習のために役立ちます。

# 3.4 Rでの同様の分析

　Rはベータ分布用の関数を数種類持っており、それは第2章で取り上げた二項分布の関数と似たところがあります。Rのベータ分布関数は、dbeta、pbeta、qbeta、rbetaです。

## 3.4.1 Rのdbeta関数とは何か

　dbeta関数は、連続変数の分位数を引数とする確率密度関数（PDF）を返します。その点では、離散変数を引数として確率質量関数（PMF）を返すdbinom関数と似ているところがあります。

　PMFがPDFと異なるもっとも大きな特徴は、PMFで指定した分位数までの累積確率を計算するためには積分計算が必要なところです。離散分布なら、指定した分位数までの累積確率は中学レベルの数学で計算できます。

　dbetaの引数リストは、dbinomのものと似ています。第2章で示したdbinomの引数リストをもう1度見てみましょう。

```
dbinom(x, size, prob, log = FALSE)
```

　xは分位数（成功数）で、コイントスを17回行って表が出た枚数のような離散的な値です。sizeは試行数、probは1回の試行における理論的な確率（公正コイントスなら50%）です。logを省略した場合やlogにFALSEを指定した場合は成功数がxになる確率、TRUEを指定した場合は成功数がxになる確率の自然対数を返します。

それに対し、dbetaの引数リストは次のようになっています。

```
dbeta(x, shape1, shape2, ncp = 0, log = FALSE)
```

xは分位数（成功確率）で、dbinomのxとは異なり、0から1までの任意の値を指定できます。shape1とshape2はベータ分布の母数で、それぞれ本書で「成功数+1」、「失敗数+1」と呼んできたものを表す数値です（Excel BETA.DIST関数のα、β引数と同じです）。

ncpは非心度と呼ばれるものですが、本書では扱わないので説明しません。logはdbinomと同じで確率密度をそのまま返すか、確率密度の自然対数を返すかを指定します。dbinomが累積＝FALSEのBINOM.DISTと似ているのと同じように、dbetaは累積＝FALSEのBETA.DISTと似ています。

それでは、Rのスクリプトウィンドウに次のコマンドを入力してみましょう。Rを起動するとコンソールウィンドウが表示されます。

「ファイル」メニューから「新しいスクリプト」を選ぶと、空っぽのスクリプトウィンドウが表示されるので、そこに次のコードを入力しましょう（**図3-6**参照。なお、ダウンロードファイルの**f3-6.r**はこの内容を収めています。「ファイル」メニューの「スクリプトを開く」を選べばこのファイルをスクリプトウィンドウに読み込めますが、自分で入力した方が学習効果は上がります）。

```
percentiles <- seq(from = 0, to = 1, length.out = 101)
Wins <- 10
Losses <-7
density.out = cbind(percentiles, dbeta(percentiles, Wins, Losses))
write.csv(density.out, "f3-6.csv", row.names=FALSE)
```

**図3-6** 「ファイル」「新しいスクリプト」を選んで新しいRスクリプトウィンドウを開く

最後の2行は次のようにすれば簡単ですが、こうすると確率密度の左の列に要素番号（0からではなく1から数えます）が出力されます。

```
density.out = dbeta(percentile, Wins, Losses)
write.csv(density.out, "f3-6.csv")
```

確率密度の左に1から101までの番号が表示されるわけです。しかし、ここには0から100を表示したいところです。表示される確率密度は1パーセンタイルから101パーセンタイル

までのものでしょうか。101 パーセンタイル？ おかしいですよね。0から100パーセンタイルでなければ紛らわしい表示になります。そこで、わかりにくいかもしれませんが、次の2行を使っています。

```
density.out = cbind(percentile, dbeta(percentile, Wins, Losses))
write.csv(density.out, "f3-6.csv", row.names=FALSE)
```

cbind は複数の数列の要素を横に並べて出力する関数で、この場合は1列目に成功数、2列目に dbeta の戻り値の確率密度が並ぶようにしています。CSVに変換すると101行2列になるデータを作っています。

write.csv は、前章でも1度使いましたが、Rのデータ構造をCSVファイルの形式で出力する関数で、指定された名前のCSVファイルに101行2列の density.out を出力します。前章では、出力するデータとファイル名を指定しただけですが、ここではさらに row.names=FALSE という引数を追加しています。row.names=FALSE は write.csv が要素番号を出力しないようにする引数です。これを指定すれば、先頭列として要素番号が追加されることはなくなります。

この2行により、CSVファイルにはパーセンタイルと確率密度だけが書き込まれ、Rコードの出力の要素番号が入り込まなくなるわけです。

Rのスクリプトウィンドウをクリックしてアクティブにしてから、「編集」メニューの「全て実行」を選んでください。すると、コンソールで入力したコマンドが実行され、システムメッセージとともにコマンドと出力が表示されます。

すべてばうまくいけば、作業ディレクトリに f3-6.csv という新しいファイルが作られます（ダウンロードファイルの f3-6.csv はこのようにして作ったものです）。このファイルには、dbeta 関数の出力とその x 引数の値が含まれています。

csv ファイルはExcelで開けます（たとえば、エクスプローラに表示されているファイル名をダブルクリックしたり、ファイル名が選択されている状態で「ファイル」メニューの「開く」を選択するだけです。

ただし、起動したときに、「文字"E"を囲む数字を指数表記に変換する」かどうかを尋ねるダイアログボックスが表示されるので、「変換」を選んでください。「変換しない」にすると、その部分は数値として扱われず、末尾に「e-05」のようなものがついた文字列になってしまいます。間違えた場合は表をいじらずに終了し、もう1度同じファイルを開けば同じダイアログが表示され、問題なく数値に変換できます。数値に変換してから上書き保存すると、次

からはダイアログが表示されなくなります)。CSVファイルはメモ帳などのテキストエディタでも開けます。

**図3-7** は、このファイルを表示したものです(Excelでグラフを追加しています。ダウンロードファイルの **f3-7.xlsx** はこの形になっています)。

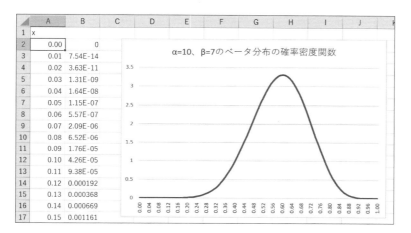

**図3-7** **f3-6.csv** ファイルを開いたときに表示されるダイアログで「変換」を選択し、**f3-6. csv** ファイル内のRの出力をグラフで使える数値に変換している

## 3.4.2 Rのpbeta関数とは何か

第2章では **pbinom** 関数で離散変数を操作して二項分布の累積確率質量を得る方法を学びました。ここでは、連続変数を操作してベータ分布の累積確率密度を得る方法を学び、累積確率質量と累積確率密度の違いも見てみましょう。

まずは復習です。新しいスクリプトウィンドウをオープンし、次のコマンドを入力してください(ダウンロードファイルの **f3-8.r** はこの内容になっています)。

```
successes = seq(0, 10, by = 1)
mass = cbind(successes, dbinom(successes, size=10, .5))
write.csv(mass, "f3-8dbinom.csv", row.names=FALSE)
```

そして「編集」「全て実行」を選んでこれらのコマンドを実行します。作業ディレクトリに新しい **f3-8dbinom.csv** ファイルが作られます。

次に、スクリプトウィンドウのコードを編集して次のように書き換えます（変更箇所は太字にしてあります。なお、ダウンロードファイルの f3-8.r には両方のコードが格納されています）。

```
successes = seq(0, 10, by = 1)
cumprobs = cbind(successes, pbinom(successes, size=10, .5))
write.csv(cumprobs, "f3-8pbinom.csv", row.names=FALSE)
```

cumprobs という変数名は、累積確率の英語である cumulative probability の略です。「編集」「全て実行」でこのコードを実行してから f3-8dbinom.csv と f3-8pbinom.csv の2つの csv ファイルを開くと、**図3-8**のようになります（1つの図で比較しやすいように、コピペで2つのファイルを1つのワークシートにまとめてあります。また、出力行を選択して右クリックメニューに表示される「セルの書式設定」で「パーセンテージ」を選び、「小数点以下の桁数」を「2」にするなどの操作を加えてあります。グラフを追加したあとのファイルは、f3-8.xlsx としてダウンロードファイルに含まれています）。

B3:B13 は R の dbinom 関数の実行結果です。ここには、試行で A3:A13 に表示された回数だけ成功する予想確率が表示されます。たとえば、10回の試行で4回成功する確率は試行の20.51%です（**図3-8**の A7:B7 参照）。

| | A | B | C | D | E | F | G |
|---|---|---|---|---|---|---|---|
| 1 | | | | | | | |
| 2 | 成功回数 | dbinom() | | 成功回数 | pbinom() | | 累積確率 |
| 3 | 0 | 0.10% | | 0 | 0.10% | | 0.10% |
| 4 | 1 | 0.98% | | 1 | 1.07% | | 1.07% |
| 5 | 2 | 4.39% | | 2 | 5.47% | | 5.47% |
| 6 | 3 | 11.72% | | 3 | 17.19% | | 17.19% |
| 7 | 4 | 20.51% | | 4 | 37.70% | | 37.70% |
| 8 | 5 | 24.61% | | 5 | 62.30% | | 62.30% |
| 9 | 6 | 20.51% | | 6 | 82.81% | | 82.81% |
| 10 | 7 | 11.72% | | 7 | 94.53% | | 94.53% |
| 11 | 8 | 4.39% | | 8 | 98.93% | | 98.93% |
| 12 | 9 | 0.98% | | 9 | 99.90% | | 99.90% |
| 13 | 10 | 0.10% | | 10 | 100.00% | | 100.00% |

**図3-8** dbinom と pbinom の違い

E3:E13 は R の pbinom 関数の出力です。これらの値は累積確率になっています。たとえば、E6 セルの0.1719という値は最初の四つの値、つまり B3:B6 の総和です。

これは、**図3-8**の G3:G13 を見れば簡単に確かめられます。

これらのセルでは、前の分位数（成功数）までの累積確率と現在の分位数の確率質量を加算して累積確率を計算しています。G3 セルは E3 セルをそのままコピーしていますが（=E3

という式を使っています）、G4:G13は、B4:B13に**dbinom**、E3:E12に**pbinom**という名前を
つけた上で、G4セルに **=pbinom+dbinom**という式を入力してG4:G10の出力を得ていま
す。

G列のように確率の累積確率を自分で計算したくなければ、Rに見切りをつける前に**pbinom**
を使えばよいのです。

以上を頭の隅に置いた上で先に進みましょう。分位数として離散変数ではなく連続変数を
扱うときには、**pbinom**ではなく、**pbeta**を使うことになります。

```
pbeta(q, shape1, shape2, ncp = 0, lower.tail = TRUE, log.p = FALSE)
```

**q**は**dbeta**の**x**と同じで分位数、**lower.tail**は**pdinom**の同名の引数と同じ意味、そ
の他の引数は意味も名前も**dbeta**と同じです。**図3-9**を見てください。

| | A | B | C | D | E | F | G | H |
|---|---|---|---|---|---|---|---|---|
| 1 | 勝ち | 10 | | | | | | |
| 2 | 負け | 7 | | | | | | |
| 3 | | | | | | | | |
| 4 | 分位数 | dbeta() | | dbeta()の累計 | | pbeta() | | 積分計算 |
| 5 | 0 | 0.00000 | | 0.00000 | | 0.00000 | | 0.00000 |
| 6 | 0.1 | 0.00004 | | 0.00004 | | 0.00000 | | 0.00000 |
| 7 | 0.2 | 0.01075 | | 0.01079 | | 0.00025 | | 0.00025 |
| 8 | 0.3 | 0.18544 | | 0.19623 | | 0.00713 | | 0.00713 |
| 9 | 0.4 | 0.97943 | | 1.17566 | | 0.05832 | | 0.05832 |
| 10 | 0.5 | 2.44385 | | 3.61950 | | 0.22725 | | 0.22725 |
| 11 | 0.6 | 3.30556 | | 6.92507 | | 0.52717 | | 0.52717 |
| 12 | 0.7 | 2.35578 | | 9.28084 | | 0.82469 | | 0.82469 |
| 13 | 0.8 | 0.68788 | | 9.96872 | | 0.97334 | | 0.97334 |
| 14 | 0.9 | 0.03102 | | 9.99975 | | 0.99950 | | 0.99950 |
| 15 | 1 | 0.00000 | | 9.99975 | | 1.00000 | | 1.00000 |

**図3-9** 離散変数ではなく連続変数の分布の累積確率を得るためには、単純な加算ではなく積分を使う

**図3-9**のB5:B15は、Rの**dbeta**関数により成功率が0（0%）から0.1（10%）刻みで1
（100%）までの11種類になる確率密度を示しています。D5:D15は、直前の分位数までの確
率密度の累積和と現在の分位数の確率の合計（**ランニングトータル**：running total または
running sum とも呼ばれるもの）を示しています。

これは、**図3-9**で**dbinom**と**pbinom**を使って離散変数の確率質量関数から累積確率質
量を計算した方法と同じです。

しかし、D5:D15の累積和はF5:F15の**pbeta**の結果とは一致しません。一致しないところ
か大きく異なっています。そもそも、100パーセンタイルまでの累積確率を計算すれば、F列
やH列のように1にならなければなりませんが、9.99975という10に近い値になっているの

です。

　ドキュメントでは、pbetaは分布関数（distribution function）、すなわち累積確率密度関数を返すと書かれているのにです。

　実は、pbetaはドキュメント通りの動作をしているのです。ランニングトータル方式の累積和計算は、この例で使われている11個の分位数の間の部分を無視しています。
　しかし、連続変数の間は理論的に無限個の値に分割できることを忘れてはなりません。
　分位数を追加していくと、その分累積和は少しずつ正確になっていきます（正確というのは分位数の個数-1で割れば1に近くなるという意味ですが）。しかし、そういった算術和では完全に正確な累積確率は決して計算できません。
　無限個の値の連続には、いつでも新たな分位数を追加できます。これはゼノンの逆説（アキレスは亀に追いつけない）の変種です。

　Rのpbeta関数はかなり正確です（微積分に完全に正確な計算はありませんが）。これを実際に示すために、**図3-9**のH5:H15では、Rの簡単なプログラムで積分計算をして得られた値を示しています。
　pbetaによるF5:F15の値と同じになっていることがわかるでしょう。
　**図3-9**のために使ったRコードは次のものです（ダウンロードファイルの**f3-9.r**には、dbeta、pbeta呼び出しとこのコードが収められています。また**f3-9.xlsx**は**図3-9**と同じ画面を表示します）。

```
quantiles <- seq(0, 1, length=11)
integrated_vals = c()
for(i in 1:11) {
  integrated_val=integrate(function(quantiles) dbeta(quantiles, 10, 7), 0,
↳ quantiles[i])
  print(integrated_val)
  integrated_vals = append(integrated_vals, integrated_val$"value")
}
write.csv(integrated_vals, "f3-9integrated.csv", row.names=FALSE)
```

　このコードは、0からquantilesに格納されている各分位数（0.0、0.1、0.2…）までのベータ分布曲線の下の面積を得るための積分計算を指示しています。この面積は、0から個々の分位数までの間で発生し得るあらゆる事象の確率密度を積分したものです。
　このコードを実行すると、個々の積分値が計算され、integrated_valsに一時的に保存されて、Rのコンソールに積分計算の結果と推定誤差（通常はごくわずか）が表示されます。

```
0 with absolute error < 0
4.526065e-07 with absolute error < 5e-21
0.0002475776 with absolute error < 2.7e-18
0.007129522 with absolute error < 7.9e-17
0.05831894 with absolute error < 6.5e-16
0.2272491 with absolute error < 2.5e-15
0.5271741 with absolute error < 5.9e-15
0.8246866 with absolute error < 9.2e-15
0.9733427 with absolute error < 1.1e-14
0.9994955 with absolute error < 1.1e-14
1 with absolute error < 1.1e-14
```

しかし、pbetaを使った方が簡単です。

### 3.4.3 Rのqbeta関数とは何か

qbeta関数は、離散変数で使われるqbinom関数と同様に、累積確率を与えると分位数を返します。たとえば、次のコマンドは、

```
qbeta(.6, 10, 7)
```

0.622という分位数を返します。言葉で言うと、shape1が10でshape2が7のベータ分布で累積確率が0.6になるのは成功率（分位数）が0.622のときだということです。

ではdbeta関数に分位数引数として0.622を渡して検算してみましょう。

```
dbeta(0.622, 10, 7)
```

しかし、これで得られるのは0.326という値で、qbetaから予想される0.6ではありません。もっとも、dbetaは確かに確率的なものを返しますが、それは累積確率ではなく点推定の確率密度なので、違っていて当たり前です。

では、累積確率を計算する関数の方で試してみましょう。

### 3.4.4 信用区間か信頼区間か

```
pbeta(.622, 10, 7)
```

すると、期待通りに0.6が返されます。

そろそろ統計学の問題に対するベイジアンのテクニックを説明すべきときがきたようです。Rのqbeta関数は、信用区間との関係ゆえにそのためのよい出発点になります。

信用区間とは、ばらつきのある個々の値の位置と平均などの統計値の位置の両方が載っているスケールの一部のことです。

ベイジアンの「信用区間」（credible interval、確信区間という訳語もあります）の概念に対し、頻度論者にも「信頼区間」（confidence interval）、または「互換区間」（compatibility interval）というよく似ているものの微妙に異なる概念があります。この章のこれからの部分では、簡単にこの違いを説明していきます。

まず、伝統的な頻度論の解釈を説明しましょう。実際の計測によって得た標本の集積から、たとえば上の方の血圧（収縮期血圧）の観測値の平均が得られます。その標本からは観測値の標準偏差も得られます。

その数値を得る過程でさまざまなタイプのミスによる誤差が入り込む可能性はもちろんあります。標本採取でのミス、装置の誤動作、検査担当者の手順のまずさ、被験者の極度な不安、統計値を操作するあなた自身の転記ミスといったものです。

これらのものは、上の血圧の標本値に基づく上の血圧の母平均の推定に何らかの形で誤差を持ち込みます。

そこで、標本平均の前後に信頼区間を設定することにします。

この区間は、血圧値の範囲の一部（たとえば115から125）で、そこに標本平均とともに隠された母平均が含まれているかもしれないし、含まれていないかもしれないというものです。

母平均とは、実際の標本の採取に紛れ込むさまざまな誤差の発生源の影響を受けなければ得られたはずの値（および計測していない人々の値）の平均です。標本平均と母平均の間の差として、それら誤差の発生源の効果も計算に入れるのです。

同じ被験者の標本の**グループ**（たとえば99個）が追加で手に入れば、事態はかなり改善します。それらの標本の平均を計算し、それらの平均の標準偏差を計算すれば、それが**平均の標準誤差**（standard error of the mean）になります。

そして、標本平均の1標準誤差下に信頼区間の下限、標本平均の1標準誤差上に信頼区間の上限を置きます。

　標準誤差が血圧の数値5個分なら、信頼区間は115（下限）から120（標本平均）を通って125（上限）までとなります。

　以上で得られるのが68%信頼区間です。母平均が124だったとすると、母平均は仮説的な68%信頼区間に含まれます。
　しかし、なぜ68%なのでしょうか。

　それは標本平均の分布が正規表現に近似するからです。正規曲線下の面積の68%は、平均の1標準偏差下から1標準偏差上までの間に含まれます。

　実は、99個の標本を追加で集め、そこから平均を取り、さらに平均から標準偏差を計算するという手間をかけなくてもかまわないことがわかっています。つまり力づくで標準誤差を計算する必要はないということです。標準誤差は、次の公式で推定できます。

```
標準誤差 ＝ 標準偏差 ／ （標本数 ^ 0.5）
```

　言葉で言うと、平均の標準誤差は、標本の標準偏差を標本数の平方根で割ったものと等しいということです。

　信頼区間の属性はさまざまな形で操作でき、ほとんどの統計学者がそうしています。たとえば、標準誤差の1.96倍を使えば、68%の信頼区間ではなく95%の信頼区間が得られます。平均の1.96標準語差を引いた値から1.96標準誤差を足した値までの区間には、正規曲線の下の面積の95%が含まれるのです。

　頻度論者は信頼区間が返す値の定義のしかたも独特です。標本平均の120の前後に95%信頼区間を計算し、信頼区間が115から125までになったとします。
　では、母平均がこの115から125の区間に含まれている確率は95%なのでしょうか。

　違います。与えられた標本平均の前後に設けた信頼区間に母平均が入っている確率は100%か0%のどちらかです。上限と下限の間に入っているか入っていないかでしかありません。
　真実は、そういった95%信頼区間が100個あれば95個は本当に母平均を含んでいるということです（想像上は99%かもしれませんが）。自分の標本と信頼区間が母平均を含んでいない5個ではなく、含んでいる95個の方だと考えてもあながち間違いではないだろうというだけでしかないのです。

　信頼区間は完璧なものではありません。しかし、ジョン・テューキー（John Tukey）が書

いているように、信頼区間は「実験に基づく知識が本質的に持つ『汚れ』を明らかにする」ために役立つというだけです。

## 3.4.5 qbetaを使った信用区間の計算

Rのqbeta関数は、基本的な信用区間の計算にほとんど完璧に適しています。標準誤差を計算する必要もなければ、ほしい信用区間を得るために標準誤差に掛け算をする必要もなく、正規曲線を参照する根拠として中心極限定理に訴える必要もありません。

ベイズ統計学が要求する準備は必要ですが、それは簡単ですぐにできるものです。

特定の選挙区で1,000人の登録有権者を標本として無作為に抽出し、それぞれにほかのこととともに次の下院議員選挙で誰に投票するつもりかを尋ねます。470人が共和党と答え、530人がほかの党と答えたとします。

ここで、47%の共和党票という標本平均の前後に90%信用区間を設け、その信用区間の上限が50%未満になるかどうかを知りたいものとします。50%未満なら、共和党候補が過半数の得票で勝利する可能性はまずないでしょうが、相対多数で勝利する可能性は残されます。

Rは、標本データがあれば90%信用区間の上限と下限を答えられます。知りたいのが90%信用区間であり、上と下から取り除くのは同じ割合でよいので、5%から95%までの区間がわかればよいということになります。

あなたの標本調査で共和党に投票すると回答した47%の標本は、5%の確率で90%信用区間の下限より下の領域に含まれ、5%の確率で90%信用区間の上限より上の領域に含まれると予想されます。

信用区間内の90%にこの下の5%と上の5%を加えると100%になります。この下限と上限は、**図3-10**のようにqbetaで計算できます（このコードはダウンロードファイルの`f3-10.r`に収められています）。

**図3-10** `lower.tail`、`log.p`引数も使えば、関数が返す分布の位置やばらつきを操作できる

そこで、このデータの90%信用区間は0.4442から0.4960までとなります。90%信用区間が0.5000の基準を下回るため、相対多数で当選することがあるかもという話になります。

信用区間の下限が0.5000を超えない限り、共和党候補が90%の確率で有権者全体の過半数の票を獲得できるとは言えません。

裏を返せば、90%信用区間が0.5000を含んでいないので、このデータから共和党候補の当選確実を予想することはできないということになります。

### 3.4.6 BETA.INVを使った信用区間の計算

Excelでも、ベイズ統計学に基づく信用区間の計算は簡単です。Rでは、qbetaに確率を与えると、分位数が返されます。

Excelでは、BETA.INVに確率を与えると、分位数が返されます。図3-11では、第3行が基本データ、第8行が下限（結果と関数）、第10行が上限（結果と関数）を示しています（この内容はダウンロードファイルのf3-10.xlsxに収められています）。

| | A | B | C |
|---|---|---|---|
| 1 | | | |
| 2 | | 共和党候補 | その他 |
| 3 | | 470 | 530 |
| 4 | | | |
| 5 | | | |
| 6 | | | |
| 7 | | | 90%信用区間 |
| 8 | | 0.444170129 | = BETA.INV(0.05, 471, 531) |
| 9 | | | |
| 10 | | 0.496017618 | = BETA.INV(0.95, 471, 531) |

図3-11　信用区間の下限と上限はB8セルとB10セル

図3-10のRの結果と図3-11のExcelの結果を比較してみましょう。結果にたどり着くまでの道には大きな差がありますが、結果自体は同じです。

## 3.5 まとめ

ベイズ統計学の分析では、事前確率であれ尤度であれ、情報源の分布の性質をあらかじめはっきりさせなければなりません。これは、数値が正規分布なのか二項分布なのか、離散的なのか連続的なのかをソフトウェアに伝えなければならないということです。

ソフトウェアには、数値が中心的に集まる点や数値のばらつきも伝えられます。

そのため、分析で使う関数は注意して選ぶ必要があります。たとえば、ベータ分布を前提とする関数を使うか二項分布を前提とする関数を使うかを判断するためには、使われている分布のタイプが離散的か連続的かを知っていなければなりません。これはグリッドを定義するために欠かせない情報です。

第3章の目的は、連続変数と離散変数の違いをはっきりさせ、変数が離散的ではなく連続的なら分布がどのようになるかを示すことでした。この違いは、適切な分布関数の選択（dbinomかdbetaか、pbinomかpbetaかなど）にも影響を与えます。

これらの問題は、役に立つ事後分布を導出するためのプロセスできわめて重要です。多くの場合、事後分布はもっとも正確な結果を教えてくれます。

グリッドサーチは事後分布を計算するためのもっとも簡単な手法の最初のステップです。第4章では、そのステップを説明します。

# グリッドサーチとベータ分布

## 本章の内容

- ◆ **4.1** グリッドサーチについてもう少し詳しく
- ◆ **4.2** ベータ分布関数の結果の使い方
- ◆ **4.3** 分布の形と位置の追跡
- ◆ **4.4** 必要な関数の棚卸し
- ◆ **4.5** 公式から関数へ
- ◆ **4.6** 共益事前分布とは何か
- ◆ **4.7** まとめ

今までの章では、ごく簡単な形であれ、**グリッドサーチ**（grid search）と呼ばれる手法と**二項分布**、**ベータ分布**と呼ばれる数値モデルについて説明してきました。これらのツールと手法はとても便利なので、二項分布やベータ分布なしで有用なグリッドサーチは考えられず、グリッドサーチなしで二項分布は考えられないほどです。この章では、これらの概念を結びつける作業を始めていきます。

## 4.1 グリッドサーチについてもう少し詳しく

まとめてベイズ統計学と呼ばれる手法に従った多くの作業は、データについて1個以上の仮定を設けることから始まります。そのような仮定のなかには、「ジョーカーを除く新しいトランプのデッキから無作為に13枚のカードを抜き出したとき、そのなかにはエース、キング、クイーン、ジャックという特別なカードが1枚ずつ含まれる」のような割としっかりとした予想もあります。

しかし、闇夜で銃を撃つようなものもあります。使える初期データがなければ、事前の推定値としてすべてに同じ確率（多くの場合、1や0が使われます）を与えざるをえない場合があります。同じ概念に複数の用語を編み出すベイズ統計学の伝統に従えば、このような分布

は**一様分布**、**平坦分布**、**矩形分布**などと呼ばれます（**図4-1**参照）。この場合、最初の仮定はほぼ確実に間違っていますが、少なくともわざと予測を間違えるようなことはしないでしょう。

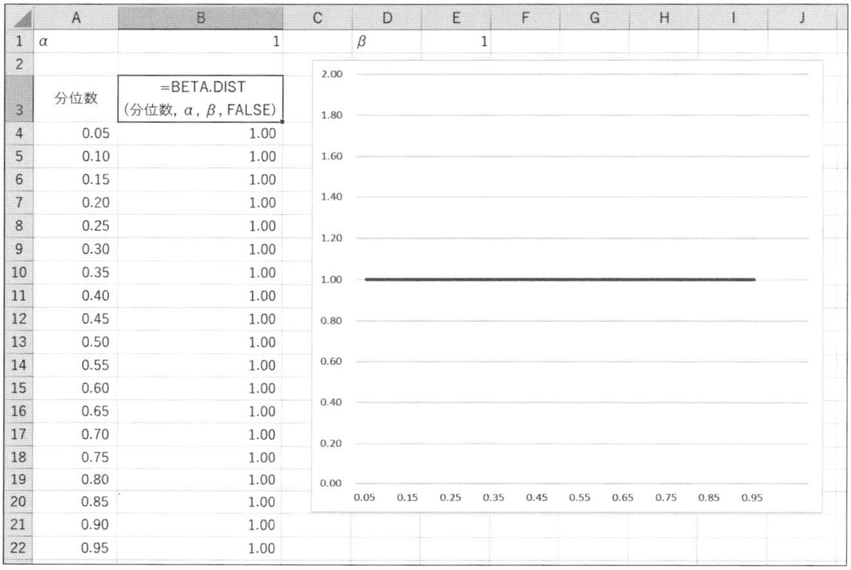

| | A | B | C | D | E |
|---|---|---|---|---|---|
| 1 | α | 1 | | β | 1 |
| 2 | | | | | |
| 3 | 分位数 | =BETA.DIST (分位数, α, β, FALSE) | | | |
| 4 | 0.05 | 1.00 | | | |
| 5 | 0.10 | 1.00 | | | |
| 6 | 0.15 | 1.00 | | | |
| 7 | 0.20 | 1.00 | | | |
| 8 | 0.25 | 1.00 | | | |
| 9 | 0.30 | 1.00 | | | |
| 10 | 0.35 | 1.00 | | | |
| 11 | 0.40 | 1.00 | | | |
| 12 | 0.45 | 1.00 | | | |
| 13 | 0.50 | 1.00 | | | |
| 14 | 0.55 | 1.00 | | | |
| 15 | 0.60 | 1.00 | | | |
| 16 | 0.65 | 1.00 | | | |
| 17 | 0.70 | 1.00 | | | |
| 18 | 0.75 | 1.00 | | | |
| 19 | 0.80 | 1.00 | | | |
| 20 | 0.85 | 1.00 | | | |
| 21 | 0.90 | 1.00 | | | |
| 22 | 0.95 | 1.00 | | | |



**図4-1**　グリッドサーチの使い方。Excelワークシートでの初期事前分布の表示

**図4-1**はグリッドを示しています。グリッドは、分析者が選択したA列の分位数とB列の値によって定義されます。グリッドと呼ばれるのは見た目が似ているからです。列Aと列Bを左回りに90度回転させると少しわかりやすくなるでしょう。下に分位数が並び、上の観測頻度が列の高さを決めます。ポイントは、こうするとグリッドサーチが頻度分布になるというところです。

**図4-1**では、グリッドの各分位数に値1が与えられています。αとβをともに1にしたベータ分布をグリッドの初期事前分布にすると、このような1の連続が得られます。

Excelを使っている場合、ちょっとした準備をした上で、B4セルに次の式を入力すれば、このような1の連続が出力されます。

```
=BETA.DIST(分位数, α, β, FALSE)
```

準備というのは、A列の数列を作ることと式で使われている名前の定義です。A4セルに`=SEQUENCE(19, 1, 0.05, 0.05)`という式を入力すれば、A4:A22の範囲に0.05刻み

で0.05から0.95までの数値が並びます。この範囲に**分位数**という名前を定義し、B1、E1セル
にもそれぞれα、βという名前を定義すれば、上の式が機能してB4:B22に1が並びます（Excel
でセルやセル範囲に名前をつける方法については、前章の**図3-1**のところで説明したので参
照してください）。分位数として0と1を入れていないのは、#NUM！エラーが出て、グラフ
がおかしくなるからです（これはExcelの問題です）。

　Rでは、**dbeta**関数を次のように使えば同じようになります。

```
dbeta(quantiles, 1, 1)
```

　Rでも、あらかじめ**quantiles ＝ seq(0, 1, 0.05)**のような文を実行して
**quantiles**を定義しておく必要があります。なお、Rでは分位数として0や1を指定しても
エラーは出ず、同じ1が出力されます。ここでは、関数の第2引数の**shape1**、第3引数の
**shape2**にそれぞれ1を与えています。

　ExcelとRのどちらを使っても、関数は1の連続を返します。ベイズ分析の最初の事前分布
としては、1をばらまく以外の方法もよく使われます。たとえば、選挙の出口調査の結果、異
なる外科処置の死亡率、運転規則違反の逮捕率などです。問題に調査する価値が少しでもあ
れば、たとえ間違っていたとしても、異なる結果が生まれた頻度についての何らかの予備情
報が見つかるでしょう。

　**図4-2**から**図4-7**までの分析も**図4-1**と同じようにして準備しています。どれも、αとβの
値を増やしていったときのベータ分布をExcelのグラフで示しています。ただし、**図4-2**以降
では、A4セルに=SEQUENCE(21, 1, 0, 0.05)という式を入力して、分位数0、1も
表示しています。これは**図4-2**以降では分位数0でエラーが出なくなり、**図4-3**以降では分位
数1でエラーが出るものの、グラフでは#NUM！エラーが0として扱われるためです。

## 4.2　ベータ分布関数の結果の使い方

　ベータ分布関数が返してくる値は何を教えてくれるのでしょうか。それは効果（病気にか
かる確率や広告キャンペーンが製品のマーケットシェアを引き上げる確率）の**相対的な**大き
さです。たとえば、1つの広告キャンペーンによって見込み客になる可能性がある人の下位
25%の累積確率が15%から10%に下がる（つまり、見込み客になる人が増える）かもしれま
せん。

**NOTE**

> この種の分析ではパーセントが広く使われているため、とかく混乱しがちです。分位数の確率で確率密度や累積確率の分布曲線が表す確率になるというところでわけがわからなくなります。そういうときには、確率50%で表が出る公正コインで10回コイントスをしても、毎回表が5枚、裏が5枚出るわけではないという話を思い出してください。
>
> α（またはRのshape1、成功数+1）とβ（またはRのshape2、失敗数+1）は「確率50%で表が出る」の方の確率を定義し、分位数は実際に表が出た割合を表します。
>
> この章では違いますが、分位数は曲線のx軸を不均等な境界で分割することもあります。たとえば、自動車が1週間に走行する距離の統計の分位数は、100マイルから200マイル、200マイルから250マイル、250マイルから280マイルのような分け方をすることがあります。

これからわかるように、ベイズ推定の手続きを繰り返していくと、初期事前分布の誤差はかなり早い段階で修正されます。特に、尤度に含まれる事例の数が事前分布に含まれる事例の数よりもかなり多い場合（**弱い事前分布**：weak prior）はそうです。それに対し、尤度よりも多くの事例を簡単に持てる事前分布は**強い事前分布**（strong prior）です。

最初に入ってきたデータを格納するグリッドを定義します。一般に、Excelならワークシートのセル範囲、Rならベクトルという形で配列を組み立てることになるでしょう。この例では、これらには初期事前分布の結果とその後の標本採取の累積的な結果が格納されます（このグリッドはかならずしもこのような二役を果たさなくてもよいのですが、すべての計算結果をワークシートに残すのではなく、分析のためのコードを書くときには、このようにする方が便利です）。

**図4-1**は、Excelワークシートで単純なグリッドがどのように表示されるかを示しています。ここには、グリッドに構造を与える分位数と初期事前分布の値が含まれています（まだ尤度による事前分布の変更とその結果としての事後分布は含まれていませんが、それらについてはもちろんこの章で説明していきます）。

**図4-1**から**図4-7**は、α、β母数を増やしていくとベータ分布の形がどのように変わるかを示しています。**図4-1**のA4:A22の範囲にはベータ分布の確率密度がどうなっているかを示す0.05、0.10、0.15…0.95の19個のセグメントが含まれています（先ほど説明したような理由で、**図4-2**以降はA4:A24の範囲に0から1までの21個のセグメントが含まれています）。何個の分位数を作るかは基本的に分析者の考え次第です。

# 4.3 分布の形と位置の追跡

　一般に、分位数はグラフ上の対応する点で表されます。ベータ分布のグラフを正確に描けるだけの数の分位数を用意したいところです。しかし、特にこのように変数が1個だけの分析では、多数の分位数を設ける余裕があります。この種の分析は高々数秒で終わります。この例では20個の分位数を設けることにしました。

　図4-1は、ベイズ分析が事象または事象の連続の理解にどのように役立つかを示すようなものにはなっていません。αとβの値はともに1.0、すなわち成功も失敗も0回であり、まだ何もしていない、情報がないということです。しかし、αやβを変えるだけでグラフの形とグラフが伝える情報がどのように変わるかを見るためだけでも、出発点というものが必要です。図4-1のグラフと図4-2のグラフを比較してみましょう。

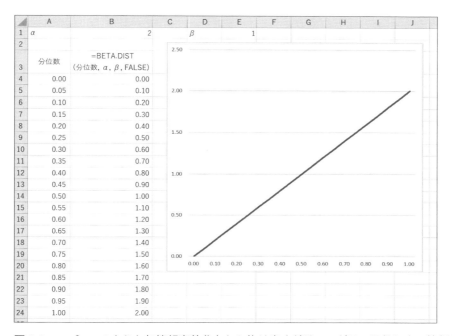

**図4-2**　α＝β＝1のような無情報事前分布から抜け出すだけで、グラフは役に立つ情報を示し始める

　図4-1から図4-7のグラフは、次のことを意識しながら見て下さい。

● ある図から次の図に移るときには、αかβの値がインクリメントされており、そのためグラフの形が変わっていきます（ダウンロードファイルの f4-1.xlsx から f4-7.

xlsxのB1、E1セルを書き換えると、実際にBETA.DISTのB列4行目以下の計算結果とグラフが更新されます）。**図4-1**と**図4-2**を比較してみましょう。曲線の最頻値（曲線の頂点）はαをインクリメントすると右に、βをインクリメントすると左に動きます。一般にαは成功の尺度、βは失敗の尺度と解釈されることを覚えておくと役に立ちます。

● αかβをインクリメントすると、曲線の最頻値の値は大きくなります。αかβを大きくしたことによる効果はだんだん小さくなります。αとβの和が大きくなればなるほど、どちらかの値を増やすことが曲線の形や位置に与える効果は小さくなるのです（これが先ほど触れた事前分布の強さということです）。

● αかβを介して関数に入ってくるデータが増えれば増えるほど、曲線は分析によって突き止めようとしている母集団の最頻値の前後で大きく上に延びる形になります。

# 4.4 必要な関数の棚卸し

前章と同じように、ExcelとRの関連関数を簡単に見ておきましょう。Excelで二項分布と関係のある関数は2つだけでした（レガシー関数は除いて）。`BINOM.DIST`は分布の棒グラフの面積についての情報を返し、`BINOM.INV`は棒グラフの面積からカテゴリー（または分位数）についての情報を返します。Rの同様の関数としては、`dbinom`、`pbinom`、`qbinom`などがあります。

Excelがベータ分布で使っているパターンは、二項分布関数と似ています。
`BETA.DIST`関数は分位数の確率密度関数か累積分布関数を返すのに対し、`BETA.INV`関数は累積分布に対応する分位数を返します。
同様に、Rの`dbeta`、`pbeta`関数はそれぞれベータ分布の確率密度関数と累積分布関数を返し、`qbeta`関数は累積分布に対応する分位数を返します。

Excelであれ、R、Python、その他の言語であれ、二項分布関数とベータ分布関数の違いは、二項分布関数が2つの値のうちのどちらかを取る事象の発生回数の分布を対象としており、個々の分位数が離散的なことです。たとえば、6面ダイスを10回振って、6が出た回数とその他の値が出た回数を数えたとき、6の回数とその他の目の回数の分布は二項分布関数になります。

それに対し、ダイスの目が出た回数のような離散変数ではなくダイスの目が出る確率のよ

うな連続変数を扱うときには、二項分布関数ではなくベータ分布関数が必要になります。回数は整数だけなので範囲の上限と下限があれば取れる値は有限ですが、確率は0から1までのあらゆる値を取り得ます。つまり、回数は離散変数ですが、確率は連続変数だということです。連続変数ではベータ関数を使います。

図4-2と図4-3を比べてみましょう。

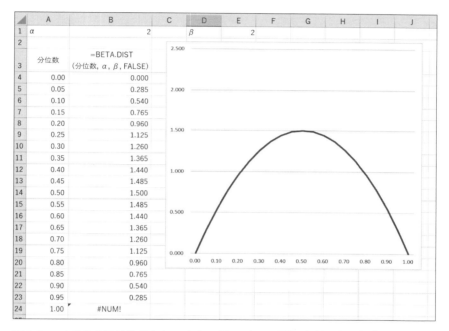

**図4-3** αとβの合計は依然として小さいが、0と1の間に山ができる程度には情報を伝えられるようになっている

αとβの合計は依然として小さいものの、ある程度役に立つ情報を提供できる程度には大きくなっています。

図4-3と比べて図4-4を見てみると、データ数が増えている分、グラフが分布の感じをよりよく表現していることが感じられます。

使えるデータ数が増えると、曲線は予想される成功数と失敗数の割合を正確に反映し始めます。図4-4と図4-5はそのことを示しています。まだはっきりとはわからないかもしれませんが、分布の最頻値の分位数はプラス方向に（右に）動いています。

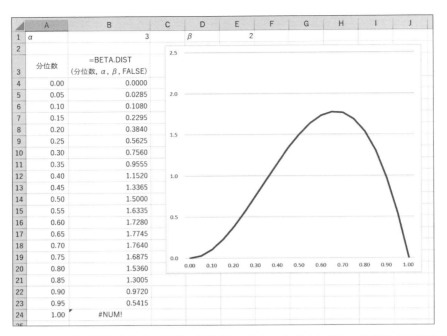

**図4-4** αがβよりも大きく、両者の合計が2.0よりも大きくなると、曲線は右に偏り始める

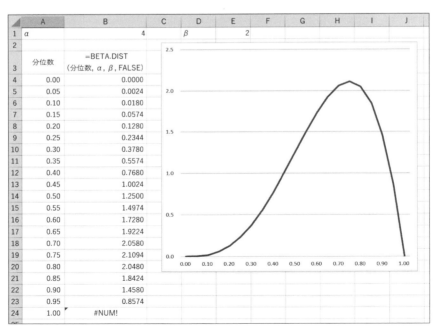

**図4-5** αがさらに増え、曲線の最頻値の分位数はさらに右寄りになっている。αとβの合計も増えており、曲線の頂点もさらに高くなっています。

　モデルにデータをさらに追加していくと、モデルは歯磨き粉のチューブを絞ったときのように なっていきます。押す力によって領域は中央に集まり、そのため曲線の頂点は高くなっていきます。

　今までの図とは反対に、**図4-6**はβを大きくして曲線の最頻値の分位数を左に動かしています。

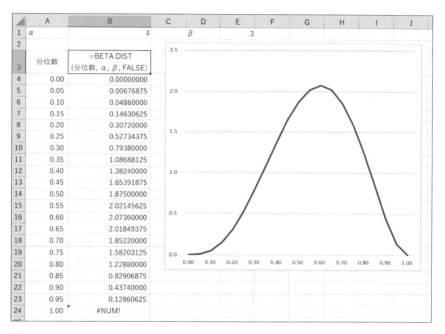

**図4-6**　**図4-5**よりもβの値が1大きくなっているので、曲線の頂点は左に動いている

　曲線の頂点が左にずれた分、右側に余裕ができ、頂点はかえって低くなっています。

　**図4-7**は大数の法則が効き始めていることをはっきりと示すようになっています。

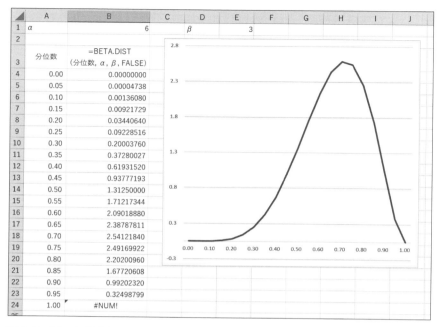

| | A | B | C | D | E | F | G | H | I | J |
|---|---|---|---|---|---|---|---|---|---|---|
| 1 | α | 6 | | β | 3 | | | | | |
| 2 | | | | | | | | | | |
| 3 | 分位数 | =BETA.DIST (分位数, α, β, FALSE) | | | | | | | | |
| 4 | 0.00 | 0.00000000 | | | | | | | | |
| 5 | 0.05 | 0.00004738 | | | | | | | | |
| 6 | 0.10 | 0.00136080 | | | | | | | | |
| 7 | 0.15 | 0.00921729 | | | | | | | | |
| 8 | 0.20 | 0.03440640 | | | | | | | | |
| 9 | 0.25 | 0.09228516 | | | | | | | | |
| 10 | 0.30 | 0.20003760 | | | | | | | | |
| 11 | 0.35 | 0.37280027 | | | | | | | | |
| 12 | 0.40 | 0.61931520 | | | | | | | | |
| 13 | 0.45 | 0.93777193 | | | | | | | | |
| 14 | 0.50 | 1.31250000 | | | | | | | | |
| 15 | 0.55 | 1.71217344 | | | | | | | | |
| 16 | 0.60 | 2.09018880 | | | | | | | | |
| 17 | 0.65 | 2.38787811 | | | | | | | | |
| 18 | 0.70 | 2.54121840 | | | | | | | | |
| 19 | 0.75 | 2.49169922 | | | | | | | | |
| 20 | 0.80 | 2.20090960 | | | | | | | | |
| 21 | 0.85 | 1.67720608 | | | | | | | | |
| 22 | 0.90 | 0.99202320 | | | | | | | | |
| 23 | 0.95 | 0.32498799 | | | | | | | | |
| 24 | 1.00 | #NUM! | | | | | | | | |

**図4-7** データが少ないモデルと比べてはっきりと最頻値の周囲にデータが集まっている

**図4-1**から**図4-7**まで進む過程でしてきたのは、αかβを1ずつ増やすということ過ぎません（最後はαを2増やしています）。それでも、このプロセスとBETA.DIST関数の内部で行われているのは、次のようなベイズ分析の古典的なステップです。

1. 初期事前分布を設けるか、直前のステップの事後分布を利用するという形で事前分布を設ける。既存のモデルに新しいデータを追加する前（この例の場合はαかβの値を増やす前）の状態がこれです。

2. 既存のデータと新しいデータを結合する。αかβを増やすというのは、事前分布に尤度を結合しているということです。

3. 事前分布と尤度に基づいて新しいモデル（言い換えれば、新しい事後分布）を計算する。今の例はこの過程を直接示してはいませんが、BETA.DISTかdbetaがグリッドに新しい値を返した結果がこれです。

## 4.4.1 舞台裏はどうなっているのか

　ここでは、本当は注目すべきなのに普段は見過ごされているグリッドサーチのプロセスを説明する2つのデモを見ていただこうと思っています。第1のデモは、計算した事後分布と事前分布の確率密度を比較できるようにするための正規化に関するものです。

　第2のデモは、事後分布の第2の計算方法を紹介し、2つの計算方法から得られた2つの事後分布が等しいことを確認します。

### グリッドの（疑似）正規化

　第1のデモはR言語で組み立てます。ここで使うのは小さなデータセットですが、大きなデータセットにも簡単に拡張できます。

　コードの最後の方の`library`関数や`tibble`関数はどうしても必要なものではありませんが、私（そしてほかのユーザーの多く）にとっては便利なので使っています（主流は`data.frame`ではなく`tibble`を使うようになっており、細かい操作ができます。デフォルトでは冒頭の10行しか表示されないのでここでは全行を出力しているほか、有効桁数をデフォルトの3から6に増やしていますが、本書ではこれ以上深入りしません）。このデモに従って`tibble`関数を使うなら、まずRの「パッケージ」メニューで「パッケージのインストール」を選んで`tibble`をインストールしなければなりません。`tibble`のインストールがうまくいかない場合には、`library(tibble)`行と`#　ここまでのすべての値で``tibble`の表を作る以下を削除すれば、途中の表は表示されます。

```r
library(tibble)

# グリッドの分位数を設定
grid_qs <- seq(0, 1, by = 0.01)
grid_qs
# グリッドの各分位数の事前分布を計算
prior <- dbeta(grid_qs, 10, 7)
prior
sum(prior)
# グリッドの各分位数の尤度を計算
likely <- dbinom(5, 9, prob = grid_qs)
likely
# 両者を乗算して事後分布を計算
raw_post_1 <- prior * likely
raw_post_1
```

```
# raw_post_1の総和が100ではなく20.57881になっている
sum(raw_post_1)
# 総和が100になるようにraw_post_1を（疑似）正規化する
post_1 <- raw_post_1 * (length(grid_qs)-1) / sum(raw_post_1)
post_1
sum(post_1)
# ここまでのすべての値でデータフレームを作る
grid_app_df <- data.frame(grid_qs, prior, likely, raw_post_1, post_1)
grid_app_df
# ここまでのすべての値でtibbleの表を作る
grid_data <- tibble(grid = grid_qs, prior, likely, raw_post_1, post_1)
save <- options(pillar.sigfig = 6)
print(grid_data, n=101)
options(save)
```

　　このコードは、l4-1.rという名前でダウンロードファイルに含まれています。準備がで
きたら、「編集」メニューの「全て実行」を選択します。コンソールに次のように実行結果が
表示されます（長くなるので一部省略しています（...だけの行はその省略箇所です）。コ
ンソールへの出力なので、実行可能文、コメント行の先頭には> が追加されます。関数の実
行結果の行には> はつきません）。

```
> library(tibble)
>
> # グリッドの分位数を設定
> grid_qs <- seq(0, 1, by = 0.01)
> grid_qs
  [1] 0.00 0.01 0.02 0.03 0.04 0.05 0.06 0.07 0.08 0.09 0.10 0.11 0.12 0.13 0.14
...
 [91] 0.90 0.91 0.92 0.93 0.94 0.95 0.96 0.97 0.98 0.99 1.00
> # グリッドの各分位数の事前分布を計算
> prior <- dbeta(grid_qs, 10, 7)
> prior
  [1] 0.000000e+00 7.539373e-14 3.632039e-11 1.312943e-09 1.643204e-08
...
 [26] 5.436905e-02 7.139610e-02 9.241343e-02 1.180161e-01 1.488182e-01
...
 [51] 2.443848e+00 2.587213e+00 2.722711e+00 2.848354e+00 2.962204e+00
...
 [76] 1.467964e+00 1.294535e+00 1.127996e+00 9.703124e-01 8.231589e-01
...
[101] 0.000000e+00
> sum(prior)
[1] 100
> # グリッドの各分位数の尤度を計算
```

```
> likely <- dbinom(5, 9, prob = grid_qs)
> likely
  [1] 0.000000e+00 1.210351e-08 3.718988e-07 2.710590e-06 1.095861e-05
...
 [26] 3.893280e-02 4.489150e-02 5.134295e-02 5.827613e-02 6.567407e-02
...
 [51] 2.460938e-01 2.506142e-01 2.543034e-01 2.571232e-01 2.590423e-01
...
 [76] 1.167984e-01 1.059945e-01 9.544112e-02 8.521858e-02 7.540205e-02
...
[101] 0.000000e+00
> # 両者を乗算して事後分布を計算
> raw_post_1 <- prior * likely
> raw_post_1
  [1] 0.000000e+00 9.125287e-22 1.350751e-17 3.558849e-15 1.800723e-13
...
 [26] 2.116739e-03 3.205079e-03 4.744778e-03 6.877522e-03 9.773499e-03
...
 [51] 6.014156e-01 6.483923e-01 6.923948e-01 7.323781e-01 7.673360e-01
...
 [76] 1.714559e-01 1.372137e-01 1.076572e-01 8.268864e-02 6.206787e-02
...
[101] 0.000000e+00
> # raw_post_1の総和が100ではなく20.57881になっている
> sum(raw_post_1)
[1] 20.57881
> # 総和が100になるようにraw_post_1を（疑似）正規化する
> post_1 <- raw_post_1 * (length(grid_qs)-1) / sum(raw_post_1)
> post_1
  [1] 0.000000e+00 4.434312e-21 6.563795e-17 1.729375e-14 8.750372e-13
...
 [26] 1.028601e-02 1.557465e-02 2.305662e-02 3.342040e-02 4.749302e-02
...
 [51] 2.922499e+00 3.150776e+00 3.364600e+00 3.558894e+00 3.728767e+00
...
 [76] 8.331670e-01 6.667715e-01 5.231459e-01 4.018144e-01 3.016105e-01
...
[101] 0.000000e+00
> sum(post_1)
[1] 100
> # ここまでのすべての値でデータフレームを作る
> grid_app_df <- data.frame(grid_qs, prior, likely, raw_post_1, post_1)
> grid_app_df
    grid_qs        prior       likely    raw_post_1       post_1
1      0.00 0.000000e+00 0.000000e+00 0.000000e+00 0.000000e+00
...
```

```
26      0.25 5.436905e-02 3.893280e-02 2.116739e-03 1.028601e-02
...
51      0.50 2.443848e+00 2.460938e-01 6.014156e-01 2.922499e+00
...
76      0.75 1.467964e+00 1.167984e-01 1.714559e-01 8.331670e-01
...
101     1.00 0.000000e+00 0.000000e+00 0.000000e+00 0.000000e+00
> # ここまでのすべての値でtibbleのデータフレームを作る
> grid_data <- tibble(grid = grid_qs, prior, likely, raw_post_1, post_1)
> save <- options(pillar.sigfig = 6)
> print(grid_data, n=101)
# A tibble: 101 × 5
     grid     prior     likely  raw_post_1      post_1
    <dbl>     <dbl>      <dbl>       <dbl>       <dbl>
  1 0        0           0           0           0
...
 26 0.25 5.43690e- 2 3.89328e-2 2.11674e- 3 1.02860e- 2
...
 51 0.5  2.44385e+ 0 2.46094e-1 6.01416e- 1 2.92250e+ 0
...
 76 0.75 1.46796e+ 0 1.16798e-1 1.71456e- 1 8.33167e- 1
...
101 1    0           0           0           0
> options(save)
```

**TIP**

> Rの「編集」メニューに「全て実行」が含まれていない場合には、スクリプトウィンドウをクリックしてアクティブにしましょう。

注意していただきたいポイントが2つあります。第1は、このコードが2バージョンの事後分布を計算していることです。`data.frame`の`grid_app_df`や`tibble`の`grid_data`に格納されている`raw_post_1`の合計は20.57881…です。

しかし、この20.57881…という合計値は不便です。きちんと正規化された事前分布`prior`の合計は100になっています。これでは事前分布と事後分布を比較しにくくなってしまいます。

それにしても、事前分布の確率密度の合計が100というきれいな数字になっているのはなぜでしょうか。その理由は**3.3.1節**「スケール変更のためのA, B引数」で説明しましたが、簡

単に復習しておきましょう。

dbetaが返す値は確率密度であって確率ではないので、合計しても分布曲線の下の面積にはなりません。しかし、上のコードのように101個の分位数の確率密度を合計すると、幅が1で高さが個々の確率密度という100本の棒グラフの面積の総和である100にはなります。

その面積の1/100（棒の幅を1ではなく0.01だとしなければ、分布曲線の下の面積は1ではなく100だと考えることになってしまいます）は描かれたベータ分布の曲線の下の面積（正規化されているので1です）とまったく同じではなくてもかなり近いものです。

priorの合計が100になっているのはそのためです。そこで、raw_post_1の個々の値を合計値で割って100倍すれば、確率密度そのものでなくても、かなり近い値が得られるはずです（**図3-5**参照）。正規化と言うのはおこがましいかもしれませんが（きちんと正規化項を計算しているわけではないので）、（疑似）正規化ぐらいのことはできるだろうということです（実際、あとで見るように、疑似という言葉を取ってもよいぐらいの近似値になります）。

しかし、たとえばパーセンタイルではなく四分位数のような粗い分位数を使うと、**3.2節**「ベータ分布と二項分布の比較」の**図3-2**、**図3-3**で示したように、誤差が大きくなります。コードの出力結果が引用しにくくなってもパーセンタイルを使ったのはそのためです。

注意していただきたい第2のポイントは、尤度、すなわち likely の算出方法です。

**1.3節**「ある専門用語について」で、BINOM.DISTやdbinomという二項分布関数の2つの使い方について説明しました。1つは、たとえば成功率30%のコイントスを20回繰り返したときに成功数が0回、1回、…20回になる確率を求めるという使い方で、まさに二項分布の分析のための使い方です。

この場合は、BINOM.DISTで言えば**試行回数**、**成功率**引数、dbinomで言えば size、prob引数を固定し、BINOM.DISTで言えば**成功数**、dbinomで言えばxを変数として確率がどのように変わるかを見ます。

もう1つは、20回のコイントスを何度も繰り返したときに、表が10回になることがそれほど多くなく、むしろ表が6回になることがやけに多いというコインがあるときに、そのコインの成功率（コイントスで表になる確率）は50%でなくていったい何%なのかを調べる使い方です。この場合は、**試行回数**（または size）と**成功数**（または x）を固定し、**成功率**（または prob）を変数として、引数の成功率になる確率密度を調べます。確率密度がもっとも高い成功率がそのコインの成功率だということになります。

面白いのは、固定引数の**試行回数**と**成功数**をベータ分布関数BETA.DISTのα、β引数、あるいはdbetaのshape1、shape2引数に翻訳すると（α＝成功数+1、β＝試行回数-成功

105

数+1)、二項分布関数とベータ分布関数が返してくる分布の形が同じになることです。

そこで、改めて先ほどのRプログラムのdbinom呼び出しを見てみると、

```
likely <- dbinom(8, 20, prob = grid_qs)
```

成功率を変数として使っていることがわかります。ベータ分布の尤度としての二項分布とはこういうことなのです。

## 分布の別の結合方法

ベイズ分析について書かれたほとんどすべての本は、ステップの1つとして事前分布に尤度を掛けることを強調しています（整数ではなく割合を操作しているので）。これは分布を結合するための方法の1つに過ぎませんが、ベイズ分析では重要なアプローチの1つになっています。

しかし、ExcelであれRであれ、2つの分布の積を得る別の方法があります。自分でその方法を使うことはないかもしれませんが、その方法を使っているコードを正しく解釈するために何をしているのかは理解しておく必要があります。これは、BETA.DISTとBINOM.DIST、またはdbetaとdbinomの引数をきちんと管理するという問題です。第3章で示した二項分布のPMFの公式とベータ分布のPDFの公式をここでもう一度振り返ってみましょう。

$$\mathrm{PMF} = {}_nC_r\, p^r(1-p)^{(n-r)}$$
$$\mathrm{PDF} = \frac{p^{(1)}(1-p)^{(\beta-1)}}{beta(\alpha, \beta)}$$

このうち、${}_nC_r$とbeta(α, β)は正規化のための定数項（正規化項）なので、分布の形には影響を与えません。そこで、比例の記号∝を使うと、次のように書けます。

$$\mathrm{PMF} \propto p^r(1-p)^{(n-r)}$$
$$\mathrm{PDF} \propto p^{(\alpha-1)}(1-p)^{(\beta-1)}$$

さらに、BINOM.DISTの引数名を使って言えば、nは**試行回数**、rは**成功数**なので、これらをBETA.DISTの引数名であるα（成功数+1）とβ（失敗数+1）に翻訳すると、r=α-1、n-r=β-1となります。

$$\text{PMF} \propto p^{\alpha-1}(1-p)^{(\beta-r)}$$
$$\text{PDF} \propto p^{(\alpha-1)}(1-p)^{(\beta-1)}$$

なんと、まったく同じようなものになってしまいました。これは前節で最後にたどり着いたことにほかなりません。ここで先ほどのRプログラムから、事前分布と尤度を計算している部分を取り出してみましょう。

```
prior <- dbeta(grid_qs, 31, 27)
likely <- dbinom(8, 20, prob = grid_qs)
```

この引数を使うと、次のように書けます。

$$\text{prior} \propto grid\_qs^{(31-1)}(1-grid\_qs)^{(27-1)}$$
$$\text{likely} \propto grid\_qs^{8}(1-grid\_qs)^{(20-8)}$$

すると、両者の積は次のようになります。

$$\begin{aligned}
\text{post\_2} &\propto \text{priorlikely}\\
&\propto \text{rid\_qs}^{30}(1-\text{grid\_qs})^{26}\text{grid\_qs}^{8}(1-\text{grid\_qs})^{12}\\
&\propto \text{rid\_qs}^{(30+8)}(1\text{grid\_qs})^{(26+12)}\\
&\propto \text{rid\_qs}^{38}(1-\text{grid\_qs})^{38}\\
&\propto \text{beta}(\text{grid\_qs}, 38+1, 38+1)
\end{aligned}$$

しかも、最後の行はただの **dbeta** 呼び出しになっているので、戻り値は正規化されています。そのため、∝記号は＝に置き換えられます。

```
post_2 = dbeta(grid_qs, 39, 39)
```

次のコードは前節のコードとほぼ同じですが、比較のために **pbeta** の引数操作による事後分布の計算のコードを追加してあります（コメントを含めて最後の方の4行。ダウンロードファイルの **l4-2.r** 参照）。

```
# グリッドの分位数を設定
grid_qs <- seq(0, 1, by = 0.01)
grid_qs
# グリッドの各分位数の事前分布を計算
prior <- dbeta(grid_qs, shape1 = 10, shape2 = 7)
```

```
prior
sum(prior)
# グリッドの各分位数の尤度を計算
likely <- dbinom(x = 5, size = 9, prob = grid_qs)
likely
# 両者を乗算して事後分布を計算
raw_post_1 <- prior * likely
raw_post_1
# raw_post_1の総和が100ではなく20.57881になっている
sum(raw_post_1)
# 総和が100になるようにraw_post_1を（疑似）正規化する
post_1 <- raw_post_1 * (length(grid_qs)-1) / sum(raw_post_1)
post_1
sum(post_1)

# dbetaの引数操作で事後分布を計算
post_2 <- dbeta(grid_qs, shape1 = 10 + 5, shape2 = 7 + 9 - 5)
post_2
sum(post_2)
```

tibbleの出力のうち、四分位数の部分だけを取り出すと次のようになります。

```
# A tibble: 101 × 6
     grid        prior      likely   raw_post_1      post_1      post_2
    <dbl>        <dbl>       <dbl>        <dbl>       <dbl>       <dbl>
 1  0      0               0            0            0           0
26  0.25   5.43690e- 2  3.89328e-2  2.11674e- 3  1.02860e- 2  1.02860e- 2
51  0.5    2.44385e+ 0  2.46094e-1  6.01416e- 1  2.92250e+ 0  2.92250e+ 0
76  0.75   1.46796e+ 0  1.16798e-1  1.71456e- 1  8.33167e- 1  8.33167e- 1
101 1      0               0            0            0           0
```

ここで大切なのは、post_1とpost_2の比較です。上の出力で示したのは実質的に3つの例だけですが、post_1の3要素とpost_2の3要素はぴったりと一致していることがわかります。

以上をまとめると、事後分布は次の2通りの方法で得られます。

● 事前分布と尤度の乗算。上のコードでpost_1を得るために行っていることです。

● shape1とshape2の合計（正確に言えばdbinomのx引数とshape1の和、dbinomのsize引数からx引数を引いた差とshape2の和）を引数とするdbeta。

上のコードでpost_2を得るために行っていることです。

2つの計算方法の間で得られる値は異なり、後者は正規化されていますが、前者は正規化されていません。しかし、両者の分布の形は同じなので、前者の値を前者の値の総和で割ってその商に値の個数を掛けるという（疑似）正規化をすれば（または、後者の最大値を前者の最大値で割ってその商に前者の個々の値を掛ければ）、両者はほぼ同じ値になります。

## NOTE

l4-1.rとl4-2.rの大部分は同じだと言いましたが、実際には同じ意味でも引数の渡し方が異なる呼び出しが含まれています。ここでRの引数の渡し方をまとめておきましょう。

R関数を設計する開発者は、関数が受け付けられ、目的を達成するために使える引数のリストを設計します。その関数を使うユーザーは、関数に引数値を渡さなければなりませんが、その値の渡し方には3種類の方法があります。dbinomを例に使って引数渡しの方法を見ていきましょう。Rのドキュメントは、離散事象の確率質量を次のように指定しています。

```
dbinom(x, size, prob, log = FALSE)
```

ここで、xは成功数（分位数）、sizeは試行回数、probは1回の試行が成功する確率、logは確率を対数形式で指定するかそうでないかを指定します。3種類の値の渡し方は次の通りです。

### ● 1. 完全形式
引数の完全名と値を自由な順番で指定します。

```
dbinom(x = 5, size = 10, prob = .5, log = FALSE)
```

ドキュメントに書かれているのとまったく同じ引数名が使われていることに注意してください。この場合、たとえばx、log、prob、sizeのように任意の順序で引数を指定できます。

### ● 2. 部分一致
引数の正式名を一部省略したものを使うこともできます。たとえば、完全名方式の例として示した内容は、次のような部分一致方式でも指定できます。

```
dbinom(x = 5, s = 10, prob = .5, log = FALSE)
```

sはsizeに部分一致しています。

## ● 3. 引数順の指定

関数呼び出しにおける引数値の指定順が関数定義の引数の順序と同じなら、引数名を完全に省略できます（ちなみに、この問題を取り上げるのを先延ばしにしたのは、離散分布と連続分布の違いなどの分布に関する概念の話と関数名の省略のような入力テクニックの話がごちゃまぜにならないようにするためです）。

引き続き同じ例を使うなら、次のような指定方法です。

```
dbinom(5, 10, .5, FALSE)
```

正しく使えば、3つの方法のどれを使っても同じ結果が返されます。そして、同じ関数呼び出しのなかでこれらの方法を混ぜて使うこともできます。

引数だけを使う方法はすばやく入力できますが、引数リストの指定をもっとも間違いやすい方法でもあります。ドキュメントの正式な引数名が引数の意味の手がかりにならないときには、特に間違いが起きやすくなります。引数のうちの2個がshape1、shape2という名前になっているdbetaのドキュメントはそのよい例です。

## Excelでの分布の結合

図4-8は、Excelの式と関数を示しながら同じ分析を行ったものです。Rから得られた108ページのtibbleの出力とExcelから得られた図4-8（長くなるので、四分位数にあたるところだけを示しています。もとのスプレッドシートは、f4-8.xlsxという名前でダウンロードファイルに含まれています）を比較してみてください。

| | A | B | C | D | E | F |
|---|---|---|---|---|---|---|
| 1 | 分位数 | 事前分布 | 尤度 | 非正規化事後分布 | 疑似正規化事後分布 | 引数操作による事後分布 |
| 2 | =SEQUENCE(101, 1, 0, 0.01) | =BETA.DIST(分位数, 10, 7, FALSE) | =BINOM.DIST(5, 9, 分位数, FALSE) | =事前分布*尤度 | =非正規化事後分布 *100/D104 | =BETA.DIST(分位数, 15, 11, FALSE) |
| 3 | 0 | 0.0000000000 | 0.0000000000 | 0.0000000000 | 0.0000000000 | 0.0000000000 |
| 28 | 0.25 | 0.0543690473 | 0.0389328003 | 0.0021167393 | 0.0102860125 | 0.0102860125 |
| 53 | 0.5 | 2.4438476563 | 0.2460937500 | 0.6014156342 | 2.9224991798 | 2.9224991798 |
| 78 | 0.75 | 1.4679642767 | 0.1167984009 | 0.1714558801 | 0.8331670153 | 0.8331670153 |
| 103 | 1 | 0.0000000000 | 0.0000000000 | 0.0000000000 | 0.0000000000 | 0.0000000000 |
| 104 | | 100.0000000000 | 10.0000000002 | 20.5788127608 | 100.0000000000 | 100.0000000000 |
| 105 | | =SUM(B3:B103) | =SUM(C3:C103) | =SUM(D3:D103) | =SUM(E3:E103) | =SUM(F3:F103) |

図4-8 Excelで計算した事前分布、尤度、両者の乗算による事後分布とBETA.DISTの引数操作による事後分布

同じ計算をしているので、当然ながら同じ結果になっています。

　この機会を利用して事前分布と尤度の積の（疑似）正規化の方法を復習しておきましょう。正規化された事後分布の総和は、幅が1で高さが確率密度の長方形（分位数の個数-1個あります）の面積の総和に等しいので、分位数が十分多ければ（四分位数程度では少なすぎます）、分位数の個数-1と等しくなります。しかし、D列の総和は20.57881…でしかありません。これでは小さすぎるので、正規化されていない事後分布の個々の確率密度をD104セルの総和20.57881…で割って分位数の個数-1（この場合は100）倍すると、本来の正規化された事後分布の確率密度に近づくはずです（割ってから掛けるよりも掛けてから割った方が精度が高くなるだろうということで、実際には100掛けてから20.57881…で割っています）。

　一方、F列はBETA.DISTの出力なのできちんと正規化されています。そのため、確率密度の総和を求めて個々の確率密度を総和で割って分位数の個数-1を掛けるという操作は不要です。Excelの能力の範囲内でもっとも高い精度の値だということです。どれくらいの精度が得られるのかを見てみたいので、小数点以下10桁まで表示していますが、ここまでの精度ではE列とF列はまったく同じ値になっています。（疑似）正規化と言っていますが、疑似という言葉を取ってもよいくらい正確な値が得られています（あくまでも、分位数がある程度大きければの話です）。

　もう1つ、F列の15、11という引数の計算方法も復習しておきましょう。これは事前分布のベータ分布の母数と尤度の二項分布の試行回数母数と成功数から計算するのでした。BETA.DISTのα引数は成功数+1なので、事前分布のαである10は、成功数9+1です。尤度の成功数引数である5は成功数そのものです。そこで、事後分布（F列）のBETA.DISTのα引数には新しい成功数9+5に1を加えた15を渡します。これは単純に事前分布のαの10に尤度の成功数の5を加えるのと同じです。

　一方、事前分布のβである7は、失敗数6+1です。そして、尤度の失敗数は試行回数－成功数、9-5で4です。そこで、事後分布のBETA.DISTのβ引数には、新しい失敗数6+4に1を加えた11を渡します。これはαほど単純ではありませんが、事前分布のβの7に尤度の試行回数-成功数の4を加えるのと同じです。

# 4.5 公式から関数へ

　最後に第2章で二項分布、第3章でベータ分布について公式に基づく計算をしたのと同じように、数値が実際にどのように計算されているのかを見てみましょう。まず、**図4-9**は、公式に基づいてグリッドから事前分布を導き出す手順を示しています。

| | A | B | C | D | E | F |
|---|---|---|---|---|---|---|
| F10 | | | | =a_1乗*b_1乗 | | |

分位数$^{(a-1)}$(1-分位数)$^{(b-1)}$/β(a, b)

a= 10
b= 7
β(a, b) = 0.00001249

| | 分位数 | 分位数$^{(a-1)}$ | (1-分位数)$^{(b-1)}$ | BETA.DISTによる共役事前分布 BETA.DIST (分位数, a, b, FALSE) | 公式による共役事前分布 分位数$^{(a-1)}$(1-分位数)$^{(b-1)}$/ β(a,b) | 非正規化共役事前分布 分位数$^{(a-1)}$(1-分位数)$^{(b-1)}$ |
|---|---|---|---|---|---|---|
| 10 | 0 | 0.00000000 | 1.00000000 | 0.00000000 | 0.00000000 | 0.00000000 |
| 11 | 0.25 | 0.00000381 | 0.17797852 | 0.05436905 | 0.05436905 | 0.00000068 |
| 12 | 0.5 | 0.00195313 | 0.01562500 | 2.44384766 | 2.44384766 | 0.00003052 |
| 13 | 0.75 | 0.07508469 | 0.00024414 | 1.46796428 | 1.46796428 | 0.00001833 |
| 14 | 1 | 1.00000000 | 0.00000000 | 0.00000000 | 0.00000000 | 0.00000000 |

**図4-9**　分位数と2個の母数から共役事前分布を組み立てる手順

　**図4-9**（ダウンロードファイルの `f4-9,10.xlsx` 参照）のA列からC列までは、公式に従って共役事前分布を組み立てるための部品を作っています（共役事前分布の概念については次節で説明します）。これは**3.2節**の**図3-1**で示したものと母数を揃えてあります（**図3-1**は十分位数でしたが、こちらは**4.4.1節**のRの出力や**図4-8**と比較しやすくするために四分位数になっています。また、有効桁数を増やしてあります）がひと通り説明しておきましょう。しているのは次の計算です。

$$\frac{\text{分位数}^{(a-1)}(1-\text{分位数})^{(b-1)}}{\beta(a,b)}$$

ただし、

- **分位数**はグリッド（A10セルに =SEQUENCE(11, 1, 0, 0.25) という式を入力すれば、A10:A14にこの数値が表示されます。この範囲には**分位数**という名前をつけています）

- aはベータ分布のα母数で、成功数+1（具体的な値はB4セルの10。B4セルにaという名前を定義した上でB10セルに =POWER(分位数, a-1) という式を入力すると、B10:B14に分位数$^{(a-1)}$の計算結果が表示されます。この範囲にはa_1乗という名前をつけています）

- bはベータ分布のβ母数で、失敗数+1（具体的な値はB5セルの7。B5セルにbという名前を定義した上でC10セルに =POWER(1-分位数, b-1) という式を入力すると、C10:C14に(1-分位数)$^{(b-1)}$の計算結果が表示されます。この範囲にはb_1乗という名前をつけています）

- β(a, b) は次のように定義されるベータ関数（ただしΓはガンマ関数）

$$\beta(a,b) = \frac{\Gamma(a)\Gamma(b)}{\Gamma(a+b)}$$

ExcelにはGAMMA、Rにはgamma関数があります（Rには、ガンマ関数を使わなくてもベータ関数を直接計算できるbeta(a, b)関数もあります）。そこで、B6セルに =GAMMA(a)*GAMMA(b)/GAMMA(a+b) という式を入力するとβ(a, b)の値が表示されます。このセルにはβ_a_bという名前をつけています。

以上の準備を済ませ、F10セルに =a_1乗*b_1乗という式を入力すると、F10:F14に正規化されていない共役事前分布の**カーネル**（kernel）の値が表示されます（カーネルとは、分布の公式のうち分布曲線の形を決める部分です。カーネルに正規化項を掛ければ分布曲線の下の面積が1になり、分布が同じものかどうかが比較しやすくなります）。この値はここで初めて見たと思われたかもしれませんが、**図3-1**では「分子」という名前で同じ数値を表示しています。しかし、**図3-1**のときよりも、今回はこの数字が活躍します。

さらに、F10:F14に**非正規化事前分布**という名前をつけた上で、E10セルに = **非正規化事前分布** / β_a_bという式を入力すると、F10:F14をB6セルのベータ関数（引数はa、b）で割った値がE10:E14に表示されます。これは正規化された共役事前分布で、同じ**分位数**、a、bを引数としてBETA.DISTが返してくる事前分布とまったく同じ値になります。ただし、正規化された共役事前分布の出番はここまでです。

次のステップでは、このようにして得られた共役事前分布に尤度を掛け、正規化して事後分布を導き出します。**図4-10**はこれを示しています。このようにして作られた事後分布が次の事前分布として使われる場合もあります。

H10 | =非正規化事前分布*非正規化尤度/β_af_bg

| | A | B | C | F | G | H | I |
|---|---|---|---|---|---|---|---|
| 1–2 | | | | | $分位数^{(a-1+f)}(1-分位数)^{(b-1+g)}/\beta(a+f, b+g)$ | | |
| 3 | | | | | | | |
| 4 | a= 10 | | | | f= | 5 | |
| 5 | b= 7 | | | | g= | 4 | |
| 6 | β(a, b) = 0.00001249 | | | | β(a+f, b+g)= | 0.000000020395 | |
| 7 | | | | | | | |
| 8 | | | | 非正規化共役事前分布 | 非正規化尤度 | 公式による事後分布 | BETA.DISTによる事後分布 |
| 9 | 分位数 | $分位数^{(a-1)}$ | $(1-分位数)^{(b-1)}$ | $分位数^{(a-1)}(1-分位数)^{(b-1)}$ | $分位数^{f}*(1-分位数)^{g}$ | 非正規化事前分布*<br>非正規化尤度/<br>β(a+f, b+g) | =BETA.DIST<br>(分位数, a+f, b+g, FALSE) |
| 10 | 0 | 0.00000000 | 1.00000000 | 0.00000000 | 0.00000000 | 0.00000000 | 0.00000000 |
| 11 | 0.25 | 0.00000381 | 0.17797852 | 0.00000068 | 0.00030899 | 0.01028601 | 0.01028601 |
| 12 | 0.5 | 0.00195313 | 0.01562500 | 0.00003052 | 0.00195313 | 2.92249918 | 2.92249918 |
| 13 | 0.75 | 0.07508469 | 0.00024414 | 0.00001833 | 0.00092697 | 0.83316702 | 0.83316702 |
| 14 | 1 | 1.00000000 | 0.00000000 | 0.00000000 | 0.00000000 | 0.00000000 | 0.00000000 |

**図4-10**　公式に従った事後分布の計算

まず、次の公式に従ってG列で尤度を計算しています。これはおなじみの二項分布の公式ですが、$_nC_r$（試行回数から成功数を取り出す組み合わせ）という正規化項は入っていません。

$$分位数^{f}(1-分位数)^{g}$$

ただし

- 分位数は**図4-9**と同じA10:A14の分位数。実際、**図4-10**は同じ`f4-9,10.xlsx`ファイルのうちD、E列を隠しただけのものです。
- fは尤度標本の成功数（H4セル。値は5）。二項分布なので、aとは異なり、成功数そのものです。
- gは尤度標本の失敗数（B19セル。値は4）。二項分布なので、bとは異なり、試行回数-成功数の失敗数そのものです。

G10セルに`=POWER(分位数,f)*POWER(1-分位数,g)`という式を入力すると、G10:G14に正規化されていない尤度が表示されます。

事前分布と尤度が得られたので、H列で両者を掛け合わせて事後分布を計算します。

```
非正規化共役事前分布*非正規化尤度/β(a+f, b+g)
```

ただし、

● 非正規化共役事前分布は図**4-9**で計算したF10:F14の正規化されていない共役事前分布。正規化した事前分布ではなく、正規化する前のカーネルだけの事前分布を使うということです。繰り返しになりますが、数式で参照する名前としては少し短い非正規化事前分布を使っています。

● 非正規化尤度はG列で計算し、すぐ前で説明したばかりの正規化されていない尤度で、G10:G14にはこの名前をつけています。

● β(a+f，b+g)はH6セルに表示されている値。H6セルには =GAMMA(a+f)*GAMMA(b+g)/GAMMA(a+b+f+g) という式を入力しています。

　以上の要素から上記の**非正規化共役事前分布 * 非正規化尤度 / β(a+f，b+g)** を計算をすると、H10:H14の値が得られます。この式は、分子の部分で正規化されていない共役事前分布と正規化されていない尤度を掛けることにより、事後分布のカーネルを得ています。スプレッドシートの上の部分では、同じことを**分位数$^{a-1+f}$(1−分位数)$^{b-1+g}$**と書いていますが、これはどういうことでしょうか。

● 正規化されていない共役事前分布は、F9セルに書かれているように、**分位数$^{a-1}$(1−分位数)$^{b-1}$** です。

● 正規化されていない尤度は、G9セルに書かれているように、**分位数$^{f}$(1−分位数)$^{g}$** です。

両者を掛け合わせましょう。

$$分位数^{a-1}(1-分位数)^{b-1} \times 分位数^{f}(1-分位数)^{g}$$

この式では、2種類の基数が2回ずつ使われているので、次のように単純化できます。

$$分位数^{a-1+f}(1-分位数)^{b-1+g}$$

**分位数$^{a-1}$** と**分位数$^{f}$**が**分位数$^{a-1+f}$**に、(1−分位数)$^{b-1}$と(1−分位数)$^{g}$が(1−分位数)$^{b-1+g}$にまとめられるわけです。

　尤度の**f**、**g**が事前分布の**a−1**、**b−1**に加算されています（**4.4.1.2節**「分布の別の結合方法」で示したように）。もっとも、**f**、**g**が可算されているのは指数のなかです。共役事前分

布に尤度を掛けるということは、**分位数（または1−分位数）の累乗の回数を尤度の分だけ増やす**ということなのです。掛け算が（指数の）足し算になっているわけです。

**NOTE**

> 掛け算が足し算になるということを簡単な数字で確認してみましょう。
>
> $$= (1/2)^2 \times (1/2)^3$$
> $$= (1/2) \times (1/2) \times (1/2) \times (1/2) \times (1/2)$$
> $$= (1/2)^{2+3}$$
> $$= (1/2)^5$$
> $$= 1/32$$

2つの独立した事象が起きる確率は、それぞれの確率の積だということを考えれば、これは完璧に納得できることです。ある事象が起きる確率がXなら、その事象が独立に2回起きる確率は$X^2$です。そして、その事象が独立に3回起きる確率は、$X^2$から$X^3$に減るということです（Xは1未満なので、累乗すればどんどん小さくなり、起きるのがまれなことになっていきます）

では、**非正規化共役事前分布＊非正規化尤度/β（a+f，b+g）**の分母の部分はどうでしょうか。これはベータ分布の公式に従って正規化された事後分布を計算しようとしているだけです。

ベータ分布の公式では、正規化項は分子の**分位数**と**1−分位数**のべき指数にそれぞれ1を加えた2個の値を引数とするベータ関数です。**分位数**のべき指数は**a−1+f**なので、これに1を加えれば**a+f**になります。**1−分位数**のべき指数は**b−1+g**なので、これに1を加えれば**b+g**になります。

だから、分母の正規加工は、これらを引数とするベータ関数β（a+f，b+g）になります。

I10:I14は114ページで説明した事後分布の第2の計算方法に従ってBETA.DISTで計算した事後分布ですが、BETA/DISTの戻り値なので正規化されています。Γ関数の助けを借りた以外は手作業で計算してきたH10:H14は、これとぴったり一致しています。途中で半端に正規化したD、E列を使わず、正規化項をきちんと計算しているため、109ページで行った（疑似）正規化という怪しげな方法も不要になります（もっとも、事前分布の母数がわからなければ、このようなグリッドサーチとともに（疑似）正規化も必要になるでしょうが）。

この節の締めくくりとして、**図4-2**から**図4-7**までで行ったように、今回の事前分布と事

後分布のグラフを見てみましょう。**図4-2**から**図4-7**よりもY軸が大きな数字になっていることに注目してください。

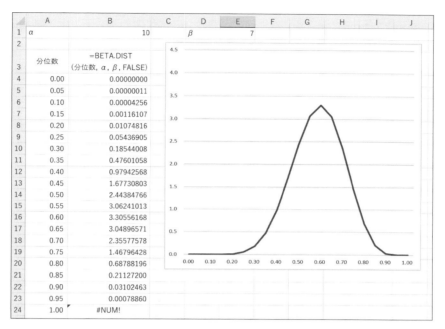

**図4-11** 事前分布（$\alpha$ =10、$\beta$ =7）

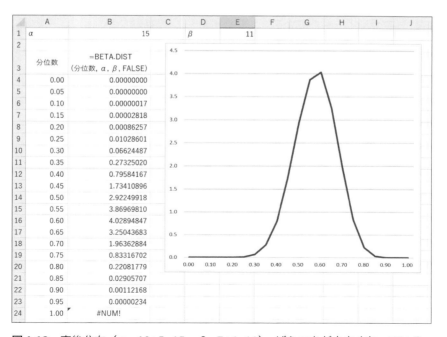

**図4-12** 事後分布（$\alpha$ =10+5=15、$\beta$ =7+4=11）。ばらつきが小さくなっている

117

## 4.6 共役事前分布とは何か

　事前分布と尤度の乗算によって得られる事後分布は、事前分布と同じタイプ（族）になるとは限りません。

　分布族は似た特徴を持つ分布から構成されます。たとえば、コイントスのように表か裏かという2種類の結果しかない試行（ベルヌーイ試行）を複数回行った結果についての離散変数の分布（二項分布）と連続変数の分布（ベータ分布）は同じ族です。ほかにも、正規分布の事前分布と正規分布の尤度を掛けると事後分布が正規分布になるというものなどさまざまなものが知られています。

　ベイズ分析では、事前分布と尤度の乗算をたびたび行います。乗算の結果である事後分布が事前分布と同じ分布族になると好都合です。そうなる場合、事前分布と事後分布は**共役**（conjugate）だと言い、そのような事前分布は**共役事前分布**（conjugate prior）と呼ばれます。

　分析を繰り返しより多くのデータを集めたときに、事後分布を次の段階の事前分布として使えれば好都合だということは当然理解できることでしょう。

　しかし、ベータ分布に従う事前分布が得られるような問題で面白いものを見つけるのは比較的容易ではありません。歴史を振り返れば、グリッドサーチに代わる方法が見つかるまで、ベイズ分析が使われる場面は一部に限られてきました。データの分布の様子を説明するためにベータ分布を必要としない方法ということです。ごく最近、共役事前分布に頼らなくても、マルコフ連鎖モンテカルロ法（Markov Chain Monte Carlo、MCMC）などの方法が使えるようになり、以前よりもベイズ分析が多用されるようになったのです。

# 4.7 まとめ

　事前分布と尤度の乗算によって得られる事後分布は、事前分布と同じタイプ（族）になるとは限りません。事前分布と事後分布が同じ分布族に属していれば話は大幅に単純になります。その場合、事後分布を次の事前分布として使うためにややこしい数学を使う必要はありません。そういったややこしい数学は開形式の数式と呼ばれますが、微積分などを必要とします。そういった計算は、コンピューターの計算時間だけではなく、実際の時間も大量に消費します。

　事前分布と事後分布が同じ分布族でない場合には、開形式の数式を扱わなければならなくなることがあります。閉形式の数式は、解析学で使われるような複雑な演算ではなく、算術計算や三角関数だけで解けます。

　ベータ分布と二項分布は共役分布の1つです。ベータ分布の事前分布に二項分布の尤度を乗算すると、事後分布もベータ分布になり、共役事前分布として使えます。このような場合は、コーディングも数学も大幅に楽になります。

　だからと言って、ベイズ分析でグリッドサーチは無用になったわけではありません。グリッドサーチも大切なツールです。
　複数の変数が登場しない単純な問題ではグリッドサーチも役に立ちます。しかし、複数の変数が登場すると、グリッドサーチではうまく対応できなくなります。そのような条件のもとでは、つまり多数の変数が必要な場面の分析では、グリッドサーチは比較的煩雑なツールになってしまうのです。そういうわけなので、グリッドサーチ自体はツールキットに残しておくにしても、もっと強力な方法がほかにあることを意識しなければなりません。

　本書の後半では、グリッドサーチの代わりに使えるツールを取り上げていきます。しかし、その前に次章では、探りたい母数が2個になっただけでグリッドサーチは限界に近づいてしまうことを正規分布の例を使って明らかにします。

# 第5章

# 母数が複数あるグリッドサーチ

## 本章の内容

- ◆ 5.1 準備作業
- ◆ 5.2 データの結合
- ◆ 5.3 まとめ

　この章は、VBAコードの使い方をくどくどと説明するためのものではありません（その点ではRコードでも同じですが）。しかし、コードが何をしているかを理解するためには、少なくともその概要を知る必要があります。この章のコード例は、ExcelワークシートとVBA（Visual Basic for Application)の組み合わせを使います。理由を説明しましょう。

　VBAは統計解析に適した言語ではないということは広く認められていることです。確かにVBAでもある種の統計処理はできますが、Rのような言語なら1、2個の文を書くだけでできることをするために20行、いや50行ものコードが必要になることが多いのも事実です。

　さらに、Rのデフォルトインストレーションは、コンパイル済み関数のライブラリーを提供しています。コンパイル時エラーはすでに見つけて修正してあるわけです。それに対し、VBAは反復実行される文をいちいちインタープリターで処理しなければならないことが多く、それらは反復実行されるたびに評価し直されます。こういったことからRなどの言語と比べてVBAでの開発にはかなり長い時間が余分にかかり、実行速度は遅くなります。

**NOTE**

> 　もっとも必要以上に警戒感を持たないでいただきたいと思います。この章のコードとデータはIntel i5 CPU搭載のHPラップトップで約15秒で実行を終了します。

　この章で取り上げるVBAコードは、もっと大幅に短くできたはずです。たとえば、グリッドの配列を作るプロシージャが2個ありますが、プロシージャは1個だけにしてプロシージャに渡す引数として2個の配列を用意するという方法でもよかったはずです。

しかし、そのようなことをすると、引数の値渡しと参照渡しのようなつまらないことに関心が引きつけられてしまいます。ここでこのVBAコードのために時間を使うのは、分析の背後の論拠に光を当てるためです。あまり使われていないプログラミング言語の些細なポイントを学ぶために時間と労力を使うよりもその方が意味があるでしょう。

また、このコードには、ユーザーフォームを表示して入力を変更できるようにすればよさそうな場面がいくつかありますが、そうはせずに入力はワークシートに埋め込まれています。そのため、使いたい情報のワークシート内での位置を変えたいときには、コード自体を書き換えなければなりません。これも、ユーザーが使いやすいコードを作るよりも分析のロジックと流れに集中することが大切だと思うからです。

その一方で、VBAを知っている人はR言語を知っている人の10倍はいるはずです。いかにRのSSA関数がエレガントだとしても、その目的と結果を理解するよりも、VBAでネストされたループの目的を理解する方がはるかに簡単です［訳注：SSAはStatic Single Assignment formの略で「静的単一代入」と訳されます。コンパイラーの用語なので、本書では深く考える必要はありません］。

そういうわけで、ベイズ統計解析で使うものなのにVBAで書かれているコードについての章を入れたのは、統計プログラミングのためにRやPythonではなくVBAを使うべきだと主張するためではありません。習慣や関数をよく知っている言語で書かれたコードで書かれている方が何が行われているかを理解しやすいからです。ワークシートのセルに計算結果を書き込めば、複雑な計算のために書いたコードの意味をチェックできるというのも魅力的です。これは、テスト中のコードが公式を正しく表現できているかどうかのチェック方法として優れています。こういったチェックは、RよりもExcelの方がはるかに簡単です。

以上のような理由から、VBAで書かれたグリッドサーチによるベイズ推定で2個の因子（正規分布の母数である平均と標準偏差）を推定してみましょう。今までの章は、推定するものが1個（ベータ分布の成功率）だけの分析でした。推定する対象が1個のグリッドサーチは、二次近似やMCMCといったほかの手法よりもはるかに実行しやすく、同程度の正確性を確保できます。二次近似やMCMCを使うのは、そういった手法が必要なぐらい複雑な分析をするときだけにしようと思っていただければというのが私の希望です。

# 5.1 準備作業

　科学者や統計学者が関心を持つ多くの変数の分布は、正規曲線（ベル型曲線、ガウス曲線とも呼ばれます）で表されます。正規曲線は左右に歪まず、線対称になります。また、中心（平均であり、中央値、最頻値でもある値）とその中心からの分布のばらつきを示す値（標準偏差）の2つの数値で分布を定義できます。

　人間のコレステロール値も正規分布に従う変数の1つです。事前分布に新たな標本データを尤度として加えて得られる事後分布の平均と標準偏差を計算することは、様々な理由から重要なことですし、有益なことです。標本が母集団をどの程度正確に表現しているかによるとは言え、適切な事前分布と尤度から得た事後分布の母数は、母集団をよりよく表現しているはずです。

　母集団の分析はベイズ統計の技法を使わなくてもできます。この種の問題では、数十年に渡って頻度論統計学のさまざまな技法が使われてきました。しかし、ベイズ統計のアプローチは、頻度論統計学のアプローチとは異なる視点を提供してくれることがよくあります。そして、これらの違いやアプローチは、頻度論統計学では得られないような光を当ててくれるのです。前置きはこの辺にして、早速コードを見ましょう。

　ダウンロードファイルに含まれている l5-1.xlsm ファイルを使います。コードを見るためには、「開発」リボンの左端の「Visual Basic」ボタンをクリックします。ただし、デフォルトの Excel には「開発」リボンがありません。「開発」リボンがまだない場合には、「ファイル」をクリックすると左下隅に「オプション」という項目が表示されるので、それをクリックし、ダイアログボックス左端の「リボンのユーザー設定」を選択して、右側の「メインタブ」で「開発」を選択してください。これで「開発」リボンが追加されます。

## 5.1.1 グローバルオプション

　このコードは、入力と出力の2枚のシートが含まれているワークブックを前提としています。l5-1.xlsm ファイルはすでにそのように設定してあります。コードの最初の2つの文は、ともに Option 文で、VBA に次の指示をします。

```
Option Base 1
Option Explicit
```

● 新しいベクトルの添字の最小値を0ではなく1にします。

● 変数の宣言を必須とし、変数を使ったところで宣言なしで変数が作られないようにします。

　私はこのように設定せずに苦い思いをしたことがあります。これらのオプションは、その後のコード全体に適用されます。

### 5.1.2 変数

　続いて Dim 文で変数を宣言します。

```
Dim RawMuArray() As Double, MuArray() As Double
Dim RawMuCount As Integer
Dim RawSigmaArray() As Double, SigmaArray() As Double
Dim RawSigmaCount As Integer
Dim FactorPairCount As Integer
Dim ObservedArray() As Double
Dim ObservedCount As Integer
Dim SumLogLikelyArray() As Double
```

　この Dim 文のあとに書かれた関数やサブルーチン（両者をまとめて**プロシージャ**：procedure と呼びます）は、ここで宣言された変数を使えます。プロシージャは自分用の変数も定義できますが、それらはプロシージャ自体のなかで宣言され、そのプロシージャのなかでしか使えません。このような変数が有効な範囲のことを変数の**スコープ**（scope）と言います。

### 5.1.3 実行順序の指定

　このプログラムの最初のプロシージャは Driver サブルーチンです。

```
Sub Driver()

Application.ScreenUpdating = False
Mu
Sigma
PopulateFactorArrays
LoadData
LogLikely
```

```
PosteriorAndRatio
Application.ScreenUpdating = True

End Sub
```

　**Driver**は単純にほかのプロシージャの名前を並べて、それらの実行順序を指定しています。ユーザーは、直接的にであれ間接的にであれ、**Driver**プロシージャの実行を指示して処理を開始します。VBAコードは、VBAのウィンドウで「実行」メニューの「Sub/ユーザーフォームの実行」コマンドを選択するか[F5]キーを押すと実行できます。実行されるのは、カーソルがあるプロシージャのコードです。冒頭（**Driver()**プロシージャの前の**Option**文と**Dim**文があるところ）で実行を指示すると、どのプロシージャを実行するかを選択するかを尋ねるダイアログが表示されるので、「Sheet1 Driver」を選びます。**Driver()**プロシージャのなかで実行を指示すると、ダイアログが表示されることなく、ダイアログで「Sheet1 Driver」を選んだのと同じ内容が実行されます。このプログラムのプロシージャは説明用に分割されているだけで独立性が低いので、**PopulateFactorArrays**以降のプロシージャの実行を指示すると、実行時エラーが出ます（最初の方のプロシージャを実行していないのに、それらのプロシージャが確保、初期化したメモリーを参照しようとするため）。

　**Driver**は、まず最初に画面更新を止めます。このコードは出力シートに数式を書き込みませんが、数式を表示したり自分で入力したりしたい場合もあるかもしれません。しかし、通常の画面更新が有効になっていると、ワークシートで変更が発生するたびにすべての数式を更新しなければならなくなって、実行がかなり遅くなります。そこで、最初に画面更新をオフにしてコードが実行を終了するときにオンに戻します。当然ながら、この動作はあなたが好きなように変えてよいものです。

　ここであらすじを言っておくと、**Mu**から**PopulateFactorArrays**まででグリッドの準備をします。**LoadData**は入力シートに書き込まれた観測値を読み込みます。**LogLikely**は、グリッドごとの対数尤度を計算します。**PostProd**は事前分布と尤度を結合して事後分布を計算するとともに、各グリッドに対する評価の値を計算します。

### 5.1.4 正規曲線の$\mu$と$\sigma$

　探ろうとしている因子が1個であれ複数であれ、グリッドサーチのグリッドは因子が取る可能性のある個々の値を指定します。被験者の性別と年齢の範囲によって目的変数を分けたい場合には、18歳以下の男性、19歳以上の男性、18歳以下の女性、19歳以上の女性のセルを作ることになります。性別で2水準、年齢で2水準なので、全部で2×2=4水準になります。

125

　このプログラムでは、正規曲線を描くために必要な $\mu$ と $\sigma$ の 2 つの母数が因子です。母数の名前としてギリシャ文字の名前を使っています（母平均が $\mu$、母標準偏差が $\sigma$。それぞれ英語では Mu、Sigma）が、これは頻度論統計学で標本ではなく母集団の要約統計量（そのため、直接計算できない値。計算が終わるころには母集団は変化しています）を示すときの習慣です。

　ここでは、$\mu$、$\sigma$ を 100 水準ずつに分割します。そして、個々の $\mu$ 値と個々の $\sigma$ 値を組み合わせます。すると、$\mu$ と $\sigma$ の一意なペアを表す 10,000 個のレコードが作られます。

　2 つの母数の水準分割は簡単です。前のパラグラフで説明したように、$\mu$ と $\sigma$ はそれぞれ 100 水準にしようとしているので、範囲を水準数マイナス 1 の 99 で割れば、2 つの水準の間の差が計算できます。

　問題は、平均と標準偏差のグリッドの範囲をどうするかです。事前分布と尤度があるので、それらの平均と標準偏差が参考になるでしょう。

　事前分布のデータは、アメリカ国立衛生研究所（NIH）の 2013 年の報告書（`https://www.ncbi.nlm.nih.gov/pmc/articles/PMC3783780/`）から得たものです。この調査の被験者は 1995 人で、平均は 203.6、標準偏差は 40.7 です。もとの調査は、性別、年齢、腹部肥満の有無、居住地が都市部か農村部か、BMI（肥満度）のレベルによって血漿総コレステロール値がどのように違うかを分析していますが、ここでは被験者全員の血漿総コレステロール値の平均と標準偏差しか使っていません。

　一方、尤度として使うデータは 300 件の血漿総コレステロール値を集めたもので、`l5-1.xlsm` ファイルの入力シートに書き込まれています。この 300 件のデータの平均と標準偏差は、Excel の関数で簡単に調べられます。データは A2:A301 の範囲に含まれているので、`=AVERAGE(A2:A301)` で平均が 207.4 程度であることがわかり、`=STDEV.S(A1:A301)` で標本標準偏差が 41.91 程度、`=STDEV.P(A1:A301)` で不偏標準偏差が 41.84 程度であることがわかります。ちなみに、`=SORT(A2:A301)` で小さい順に並べると、最小値が 104.646、最大値が 343.444 だということがわかります。

　事後分布は事前分布と尤度から計算されるので、平均が両者の小さい方よりも小さくなったり、大きい方よりも大きくなったりすることは考えられません。それでも、多少幅を持たせて、グリッドの平均値の範囲は 200.1 から 210 までとします。最小値がきりの悪い数字になっているのは、99 できれいに割り切れるようにするためです。

　標準偏差は2つのデータの平均に4弱の差があることから、かえって広がる可能性も考えられます。そこで、39.54から43.5までとします。

　表にまとめると、次のようになります。

|  | 平均 | 標準偏差 |
|---|---|---|
| 事前分布 | 203.6 | 40.7 |
| 尤度 | 207.4 | 41.9 |
| グリッドの範囲 | 200.1〜210 | 39.54〜43.5 |

　隣り合う$\mu$の差は次のようにして計算できます。

　（210.0 -200.1) / 99

　隣り合う$\mu$の差は0.10だということになります。この間隔には、プログラム内で**MuIncrement**という名前をつけます。以上をコードにすると、次のようになります。

```
Sub Mu()

Dim LowMu As Double, HighMu As Double, MuIncrement As Double
Dim i As Integer

LowMu = 200.1
HighMu = 210#
RawMuCount = 100

MuIncrement = (HighMu - LowMu) / (RawMuCount - 1)
```

　続いて、コードは**RawMuArray**配列の次元を再定義し、そこに**RawMuCount**個の値を格納します。**Mu**プロシージャはこれで終わりです。

```
ReDim RawMuArray(RawMuCount)

RawMuArray(1) = LowMu
For i = 2 To RawMuCount
    RawMuArray(i) = RawMuArray(i - 1) + MuIncrement
Next i

End Sub
```

σ配列でも同じことが行われますが、σの場合、100個の値の最小値を39.54、最大値を43.5にしているため、次のようなコードになります。

```
Sub Sigma()

Dim LowSigma As Double, HighSigma As Double, SigmaIncrement As Double
Dim i As Integer

LowSigma = 39.54
HighSigma = 43.5
RawSigmaCount = 100

SigmaIncrement = (HighSigma - LowSigma) / (RawSigmaCount - 1)

ReDim RawSigmaArray(RawSigmaCount)

RawSigmaArray(1) = LowSigma
For i = 2 To RawSigmaCount
    RawSigmaArray(i) = RawSigmaArray(i - 1) + SigmaIncrement
Next i

End Sub
```

## 5.1.5 配列の表示方法とμ、σ配列の改造

この時点で、私たちはRawMuArrayとRawSigmaArrayという2つの配列を持っています。これらはそれぞれ要素数が100で、各要素は因子水準です。RawMuArrayの最初の5行は次のようになっています。

| |
|---|
| 200.1 |
| 200.2 |
| 200.3 |
| 200.4 |
| 200.5 |

一方、RawSigmaArrayの最初の5行は次の通りです。

| |
|---|
| 39.54 |
| 39.58 |
| 39.62 |
| 39.66 |
| 39.70 |

　コードの作成とトレースの便宜のために、この2つの配列をペアとして扱いやすい形に変形しようと思います。この作業が終わると、得られた2列10,000行の配列をワークシートに出力したときの1、2列の先頭5行は次のようなものになります。

| | |
|---|---|
| 200.1 | 39.54 |
| 200.1 | 39.58 |
| 200.1 | 39.62 |
| 200.1 | 39.66 |
| 200.1 | 39.70 |

　ワークシート出力先頭2列の最後の5行は次のようになります。

| | |
|---|---|
| 210.0 | 43.34 |
| 210.0 | 43.38 |
| 210.0 | 43.42 |
| 210.0 | 43.46 |
| 210.0 | 43.50 |

　何のためにこういうことをするのかを見失わないようにしましょう。何よりも大切なのは、事後分布をもっとも適切に表現するような母数$\mu$と母数$\sigma$のペアを探すことです。そのためには、$\mu$と$\sigma$の2個の母数のあらゆる組み合わせと事前分布、尤度を対応づけなければなりません。今書いているコードは、その対応付けの準備作業をしているのです。

　次のプロシージャは、今説明したような形で`RawMuArray`を`MuArray`、`RawSigmaArray`を`SigmaArray`に変換します。

```
Sub PopulateFactorArrays()

Dim RowNum As Integer, i As Integer, j As Integer

FactorPairCount = RawMuCount * RawSigmaCount
ReDim MuArray(FactorPairCount)
ReDim SigmaArray(FactorPairCount)

RowNum = 1
For i = 1 To RawMuCount
    For j = 1 To RawSigmaCount
        MuArray(RowNum) = RawMuArray(i)
        SigmaArray(RowNum) = RawSigmaArray(j)
        RowNum = RowNum + 1
    Next j
Next i
```

PopulateFactorArraysサブルーチンは、ループのネストを使っています。外側の
ループは$\mu$のすべての水準を順に処理し、$\sigma$の個々の水準のなかで、内側のループが$\sigma$のす
べての水準を順に処理します

$\mu$で100水準（RawMuArray、要素数MuCount）、$\sigma$で100水準（RawSigmaArray、
要素数SigmaCount）を用意し、$\mu$の100水準をすべて$\sigma$の100水準と結合するため、
MuArray、SigmaArrayの両配列は10,000行（FactorPairCount）ずつになります。
どちらも同じ値を多数含んだ無駄に見える配列ですが、MuArray(i)とSigmaArray(i)
のペアはiの値ごとに異なる10,000通りのものになります。因子が複数になったときのグ
リッドサーチの難点がここにあります。

では、作ったMuArray、SigmaArrayを早速ワークシートに書き込みましょう。この
コードは入力、出力という名前をつけられた2枚のワークシートを持つワークブックで実行
されることを前提としています（ダウンロードファイルに含まれているl5-1.xlsmファイ
ルのワークシートはそうなっています）が、まず出力シートをアクティブにします。

```
Worksheets("出力").Activate
```

これで出力シートを読み書きできるようになります。アクティブシートがなかったここま
ではワークシートをまったく読み書きしていませんでしたが、ここで初めてワークシートに
書き込みをします。

```
For RowNum = 1 To FactorPairCount
    ActiveSheet.Cells(RowNum + 1, 1) = MuArray(RowNum)
    ActiveSheet.Cells(RowNum + 1, 2) = SigmaArray(RowNum)
Next RowNum
```

出力ワークシートの第2行からA列に **MuArray**、B列に **SigmaArray** の内容を出力しています。それぞれ10,000（**ValCount**）個の要素があるので10,000行ずつです。これで10,000種類の $\mu$ と $\sigma$ の組み合わせが表示されます。

そして、1行目に列のタイトルを出力します。

```
ActiveSheet.Cells(1, 1) = "μ"
ActiveSheet.Cells(1, 2) = "σ"
ActiveSheet.Cells(1, 3) = "対数尤度"
ActiveSheet.Cells(1, 4) = "事後分布"
ActiveSheet.Cells(1, 5) = "対最大値比"
```

## 5.2 データの結合

データ処理の準備が整ったので、ここからはいよいよ観測値を操作していきます。

### 5.2.1 観測値のロード

次の **LoadData** プロシージャは、入力ワークシートに格納された観測値をVBAプログラムのなかに読み込みます。最初から見ていきましょう。

```
Sub LoadData()

Dim ObservedValues As Range
Dim i As Integer

ObservedCount = 300
ReDim ObservedArray(ObservedCount)
```

まず、オブジェクト変数を含む2個の変数を宣言しています。最初の **ObservedValues**

はワークシートの観測値を参照する Range オブジェクト変数です。ObservedCount は観測値の数で、入力シートに書き込んである観測値数の 300 を代入してあります。個数の違う観測値を使う場合には、ワークシートの観測値だけでなく、この数値も変更してください。ObservedArray は観測値を格納するための配列で、要素数は ObservedCount です。

```
Worksheets("入力").Activate
Set ObservedValues = ActiveSheet.Range(Cells(2, 1), Cells(ObservedCount + 1, 1))

For i = 1 To ObservedCount
   ObservedArray(i) = ObservedValues(i)
Next i

End Sub
```

次に、Worksheets("入力").Activate 文で入力ワークシートをアクティブにしてから、Set ObservedValues = ActiveSheet.Range(Cells(2, 1), Cells(ObservedCount + 1, 1)) 文でオブジェクト変数 ObservedValues に A2:A301 の範囲をロードしています。Cells の第 1 引数は行番号、第 2 引数は列番号です。この場合、1 行目が「総コレステロール値」というタイトル行になっているため、行番号は 2 から 301 です。列番号は A 列を参照しているので 1 となっています。この分析はほかの観測値を使うように調整できます。コードを実行する前に、データが格納されているワークシートをアクティブシートにし、Cells の引数が観測値を格納している行と列に合うようにコードを書き直してください。

ところで、ObservedValues は入力がアクティブシートになっているときのシートの範囲を参照しているので、次のプロシージャ以降でアクティブシートが再び出力になると使いものにならなくなります。そこで、最後の For 文は Range オブジェクトの ObservedValues を普通の配列の ObservedArray にコピーしています。

## 5.2.2 尤度の計算

ここでしようとしていることは、個々の μ と σ のペアによって定義される正規分布に 300 個の観測値が乗る尤度を計算することです。尤度は Excel の NORM_DIST 関数で得られます。計算は LogLikely プロシージャで行っています。

```
Sub LogLikely()

Dim i As Integer, j As Integer
Dim CurrentMu As Double, CurrentSigma As Double
Dim CurrentLikely As Double
ReDim SumLogLikelyArray(FactorPairCount)

Worksheets("出力").Activate
```

まず、**LogLikely**（Logは対数、LikelyはLikelihoodの略で尤度、合わせて対数尤度計算という意味です）内で使う変数を宣言し、再び**出力**シートをアクティブにします。

そして、ネストされたループに入ります（ ↳ の部分は印刷上の都合で改行していますが、実際のコードでは前の行と同じ行になっています。1行にしないとVBAは受け付けません）。

```
For j = 1 To FactorPairCount
    CurrentMu = MuArray(j)
    CurrentSigma = SigmaArray(j)
    For i = 1 To ObservedCount
        CurrentLikely = Application.WorksheetFunction.Norm_Dist
        ↳ (ObservedArray(i), CurrentMu, CurrentSigma, False)
        SumLogLikelyArray(j) = SumLogLikelyArray(j) + Log(CurrentLikely)
    Next i
    ActiveSheet.Cells(j + 1, 3) = SumLogLikelyArray(j)
Next j

End Sub
```

外側のループは10,000回（**FactorPairCount**、$\mu$と$\sigma$のペアの数）ずつ実行され、内側のループはその10,000回の1回ごとに300回（**ObservedCounts**、観測値の数）ずつ（つまり、合計で約300万回）実行されます（このプログラムは実行終了まで少し時間がかかりますが、その時間の大部分はここに費やされています）。**MuArray**から$\mu$を取り出し、**CurrentMu**、**SigmaArray**から$\sigma$を取り出して**CurrentSigma**に代入した上で、観測値データセットの300個の値を処理します。処理というのは、**NORM_DIST**を使って**CurrentMu**と**CurrentSigma**のもとで個々の観測値が得られる確率密度を計算する、つまり観測値が**CurrentSigma**を単位として何個分**CurrentMu**の上または下に離れているかを計算するということです。

300個の観測値全体としてこの確率密度が高ければ高いほど、**CurrentMu**と**CurrentSigma**を$\mu$、$\sigma$とする正規分布からこれらの観測値が得られる確率は高いということにな

133

ります。つまりこの確率密度はCurrentMuとCurrentSigmaによって定義される正規分布が観測値の分布である尤度（もっともらしさ）だということです。観測値は300個あるので、それぞれの尤度の総乗を取り、その総乗がもっとも大きい正規分布がもっとも観測値の分布に近いと考えられます。そこで、次のNOTEで説明する理由に基づき、得られた確率密度（尤度）の対数を取り、SumLogLikelyArray(j)に加えていきます。最終的にSumLogLikelyArray(j)は、対数尤度の総和を示す変数になります。そして、出力ワークシートの第3列にj行のμとσに対応するSumLogLikelyArray(j)の値を出力します。

**NOTE**

> 確率との組み合わせで対数を使うことは不思議ではありません。ベイジアンの分析方法に慣れてくると、きわめて小さい数値をよく相手にするようになります。そういった小さな値を扱っていると、コンピューターはそれらを区別できなくなり、0の連続だけが残ることがあります。しかし、それらの数値を対数化すると、対数の総和を取るというただの足し算で処理できるようになります。対数の総和の計算は、対数化前のもとの真数の総乗を計算するのと同じ意味を持ちます。ここでは、対数の総和を比較するだけなので、対数の総和から真数を求める必要はありません。比較は次のプロシージャの最後のところで確率の総乗という見かけで行います。

コードに沿って以上がどのように行われているかを確認しておきましょう。

## 1.（外側のループ）

```
For j = 1 To FactorPairCount
    CurrentMu = MuArray(j)
    CurrentSigma = SigmaArray(j)
……
Next j
```

外側のループは、μとσの10,000種類のペアを反復処理します。現在の平均をCurrentMu、標準偏差をCurrentSigmaに代入して、内側のループの処理の準備をします。

## 2.（内側のループ）

```
For i = 1 To ObservedCount
    CurrentLikely = Application.WorksheetFunction.Norm_Dist
    ↪ (ObservedArray(i), CurrentMu, CurrentSigma, False)
```

内側のループの1行目は、300個のコレステロール観測値を反復処理し、**CurrentMu**と**CurrentSigma**で定義される正規分布のなかでの各観測値の確率密度を計算します。第4引数の**False**は、累積確率ではなく確率密度を返すように指示しています。

```
    SumLogLikelyArray(j) = SumLogLikelyArray(j) + Log(CurrentLikely)
Next i
```

内側のループの2行目は、1行目で得られた尤度の対数を取り、それまでに処理した対数尤度の総和と加算します。

## 3.（外側のループ）

```
ActiveSheet.Cells(j + 1, 3) = SumLogLikelyArray(j)
```

内側のループから抜けたときには、**SumLogLike(j)**には、300個の観測値から得た**CurrentMu**と**CurrentSigma**の対数尤度の総和が格納されています。外側のループの最後の部分で、**出力ワークシートのj + 1行第3列**にその**SumLogLike(j)**を書き込みます。

外側のループから抜け出し、このプロシージャ自体を終了すると（**End Sub**）、$\mu$、$\sigma$のペアごとに1個ずつで10,000個の要素を持つベクトル（**SumLogLike**）が残ります。**SumLogLike**の個々の値は、300個の観測値から得た**CurrentMu**、**CurrentSigma**の対数尤度の総和です。

### 5.2.3 事前分布と尤度の結合と事後確率の最大値の判定、対最大値比の計算

私たちは尤度を手に入れた状態にあります。グリッドサーチの手順に従って事前分布に尤

度を結合して新しい事後分布を得るためには、事前分布が必要です。私は、事前分布として NIHの報告書によって公表されているコレステロール計測値の正規分布を使うことにしました。**5.1.4節**「正規曲線の $\mu$ と $\sigma$」でも触れた2013年の報告書です。

　事前分布は、妥当な値を集めたものから計算されたものなら何でもかまいません。事前分布がどうなっているかをまったく想像できないなら、一様分布のような非常に弱い事前分布からスタートしても問題はありません。しかし、この場合は実測値があるので、それを事前分布として使うべきでしょう（事前分布が弱いと、事後分布に対する影響は尤度の方が大きくなります）。

　`PosteriorAndRatio`プロシージャは、事前分布を作り、尤度を結合して事後分布を作るところから始まります。

```
Sub PosteriorAndRatio()

Dim i As Integer
Dim PosteriorArray() As Double
Dim MaxPosterior As Double, RatioToMax As Double

ReDim PosteriorArray(FactorPairCount)

' 1995の部分は事前分布のデータ数に合わせて変更してください
```

　まず、必要な変数を宣言し、次元を設定します。`PriorCount`は事前分布のデータ数を格納する変数で、ここではNIH報告書に書かれている被験者数1995を代入しています。

```
For i = 1 To FactorPairCount
    PosteriorArray(i) =
        Log(Application.WorksheetFunction.Norm_Dist(MuArray(i), 203.6,
↳ 40.7, False))
        ↳    * PriorCount + SumLogLikelyArray(i)
```

　続いてコードはループに入ります。ループは、対数尤度の総和を計算した $\mu$、$\sigma$ のペアごとに1回、つまり10,000回（`ValCount`）繰り返され、10,000個の計算結果は`PosteriorArray`に格納されます。計算は事前分布と尤度の結合で、それを事後分布としています。

　`PosteriorArray`の各要素は、次の3つから計算されます。

● Log(Application.WorksheetFunction.Norm_Dist(MuArray(i),
203.6, 40.7, False))
事前分布から計算される確率密度（の対数）です。平均が203.6、標準偏差が40.7の正
規分布で特定の値（この場合は対数尤度の計算に使った正規分布の平均コレステロール
値）が観測される確率密度を返します。第4引数をFalseにしているので、累積確率で
はなく確率密度が返されます。

● PriorCount
先ほども説明した通り、事前分布を得るために使ったデータ件数です。SumLog
LikelyArray(i)が300件の尤度データの対数尤度の総和になっているので、1件分
の事前分布の対数を加算しても埋もれてしまいます。PriorCountを掛けて事前分布
を相応の強さにしています。

● SumLogLikelyArray(i)
300個の観測値から得たi番目の$\mu$、$\sigma$の対数尤度の総和です。この値は1つ前の
LogLikelyプロシージャで計算したもので、尤度として使われます。

対数を取っているので、事前分布と尤度の結合の計算では、乗算ではなく加算を使ってい
ます。確率の数値なのでほとんどが1未満の数値であり、それらの対数を取ると負数になり
ます。負数の対数同士の加算は1未満の数同士の乗算なのでどんどん小さい値になります。

ここでは、平均203.6、標準偏差40.7の事前分布を設定し、重みとして事前分布の調査の
被験者数を掛け、因子水準の一意な組み合わせごとに異なる尤度（300件分の重みがありま
す）を結合しています。

この3つの要素を加えた対数事後分布を**出力**ワークシートの4列目に出力してループを締
めくくります。

```
    ActiveSheet.Cells(i + 1, 4) = PosteriorArray(i)
Next i
```

PosteriorArray配列のすべての要素を計算したあと、その最大値を求めます。

```
MaxPosterior = WorksheetFunction.Max(PosteriorArray)
```

最後に、PosteriorArray配列の個々の値からこの配列の最大値を減算し、得られた値
を対数から真数に戻します（ExcelのEXP関数を使って）。

```
For i = 1 To FactorPairCount
    RatioToMax = Exp(PosteriorArray(i) - MaxPosterior)
    ActiveSheet.Cells(i + 1, 5) = RatioToMax
Next i

End Sub
```

　このようにして得られた値は本物の確率密度ではなく、`PosteriorArray`の最大値に対するこの因子水準ペアの`PosteriorArray`の相対比です。対数スケールで個々の積から最大の積を引いていますが、それは真数スケールで個々の積を最大の積で除算するのと同じ意味を持っています。

　しかし、同じ意味だと言っても、実際に真数で除算をすれば膨大なゼロの山を築くことになります。対数を使うことによって、各グリッドの尤度の最大尤度に対する比がきちんと表現されるのです。

### 5.2.4 実行結果について

　出力シートの各列は、次のような形で事後分布の計算過程を示しています。

● μ：母集団のコレステロール値の平均（母平均）の推定値

● σ：母集団のコレステロール値の標準偏差（母標準偏差）の推定値

● 対数尤度：特定の平均、標準偏差で定義される正規分布で`ObservedCount`個の観測値が得られる尤度の対数を取り、その総和を計算したもの。

● 事後分布（における確率密度の対数）：事前分布における μ の対数確率密度と事前分布を構成するデータの件数の積と上記の対数尤度の和。

● 対最大値比：「事後分布」の最大値に対するこの μ、σ の組み合わせから得られる事後分布の比率。そのため、この値は実際の確率密度ではありません。比率の計算では、対数の加減算を使っていますが、それはコンピューターの計算精度が有限で真数のままで計算するときわめて不正確な値になるからです。

　では、ここから何ができるでしょうか。私はRを再び取り出したいと思っています。あなたがそのつもりになれば、この章でExcelとVBAを使って説明したすべての計算を実際に実行してみてもよいですし、VBAをRに書き換えてみてもよいでしょう。繰り返しになります

が、私がここでExcelとVBAを使ってこの分析をしたのは、その方がR関数を使うよりもはるかにわかりやすいからです。理屈がわかったら、統計解析ではExcelよりもはるかに有効なツールであるRを使ってみるべきです。

## 5.2.5 別の視点から結果を見てみる

Rは、ベイジアン分析に適した多彩な統計機能を持っています。せっかくなので、それを試してみましょう。この章で行った分析の出力をCSVファイルに保存し、Rの `read.csv` 関数を使ってCSVファイルのデータをデータフレームに展開すれば、Rの統計関数にデータを渡す便利な方法になります。

たとえば、事後分布の「対最大値比」列の最大値を知りたくなったとします。一例として次のような方法があります。

1. `l5-1-output.csv` のような名前でワークシートをCSV形式で保存します。

2. Rの開発環境に移ります。

3. 「ファイル」メニューの「ディレクトリの変更」でCSVファイルを格納したディレクトリに移動します。

4. 次の文を入力します。

```
post <- read.csv("l5-1-output.csv")
```

（R言語の構文は大文字と小文字を区別することを忘れないようにしてください。また、多くのR関数は、全部小文字を使っています）［訳注：Excelで「名前を付けて保存」を選び、ファイルの出力形式を選択するとき、「CSV(コンマ区切り)」を選んで出力したファイルはShift-JISコードを使っており、そのようなファイルをRから読み出そうとするとエラーになります。ファイル形式を選択するときに「CSV UTF-8(コンマ区切り)(*.csv)」を選んで下さい。既存のShift-JISファイルをUTF-8ファイルに変換したい場合には、Windowsアクセサリの「メモ帳」でファイルを開き、「ファイル」「名前を付けて保存」を選び、ダイアログの下部の「文字コード」を「UTF-8」を選びます。ダウンロードファイルに含まれている `15-1-output.csv` はUTF-8コードにしてあります］。こうすると、Rは `l5-1-output.csv` ファイルの内容を読み出すだけではなく、データフレーム（この場合は `post` という名前のもの）に読み出した内容を格納します。

そして、次のような関数呼び出しをすれば、**post**データフレームの**対最大値比**列の最大値が得られます。

```
max(post$対最大値比)
```

このデータセットとこの分析では、次のような返答が返ってきます。

```
[1] 1
```

これは**対最大値比**列にある最大値は1.0すなわち100%だということです。この値になっているμとσのペアは1つだけであり、そのインスタンスには[1]というIDが与えられています。次に、この1という値が何個目のMu/Sigmaペアなのかを知りたければ、次の関数を使います。

```
which.max(post$対最大値比)
```

Rは次のように返答します。

```
[1] 4062
```

これは4,062番目のデータに**対最大値比**の最大値があることを示しています。10,000種の因子水準のなかで4,062番目のμとσのペアが観測値の確率分布をもっともよく説明しているということです。この場合も、最大値のレコードは当然ながら1個だけであり、出力には[1]という行番号が与えられています。

次のようにすれば、10,000個のレコードのうちの最後の15個のレコードが表示されます。

```
tail(post,15)
```

Rが返してくる最後の5行だけを示すと次のようになります。

```
 9996   210 43.34 -1546.734 -10798.61        0
 9997   210 43.38 -1546.752 -10798.62        0
 9998   210 43.42 -1546.770 -10798.64        0
 9999   210 43.46 -1546.789 -10798.66        0
10000 210 43.50 -1546.809 -10798.68        0
```

最初の数行を見たい場合には、tailの代わりにheadを使います。

**対最大値比**の最大値がある4、062番目のレコードが見たければ次のようにします。

```
post[4062,]
```

出力は次の通りです。

```
           μ      σ    対数尤度  事後分布  対最大値比
4062 204.1 41.98 -1546.744 -10774.1                 1
```

確率分布を可視化したければ、指定された標本群から確率密度グラフを描くrethinking
ライブラリーのdens関数が使えます。

**図5-1**は、事前分布のμとして平均203.6、標準偏差40.7の正規分布で無作為に10,000個
の標本を作ったものと計算によって得られた正規曲線を重ね合わせて表示しています。その
ために、次のようなコードでグラフを作っています（ダウンロードファイルの**f5-1.r**には、
ここまでのRコードと、**リスト5-1**、**リスト5-2**を出力するRコードが含まれています）。

```
library(rethinking)
random_mu <- rnorm(10201, 204, 41)
random_sigma <- runif(10201, 20, 100)
prior_choles <- rnorm(10201, random_mu, random_sigma)
dens(prior_choles, norm.comp = TRUE)
title("無作為抽出したμによる事前分布")
```

**図5-1**についてコメントしておきたいことがいくつかあります。

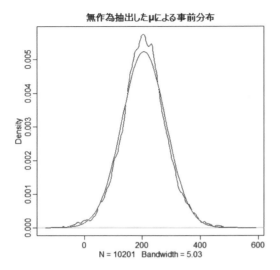

**図5-1** μ母数の無作為抽出した標本をグラフにしたもの。乱数を使っているので、実行するたびに
形が微妙に変わる

● 1行ごとに [Ctrl]-[R] を押して**図5-1**のようなグラフを作るコードをステップバイステッ
プで実行するときには、注意が必要です。[Ctrl]-[R] を押すと、Rは点滅するIビームカー
ソルがある**アクティブウィンドウ**のコード行を実行します。ところが、グラフを作る行
（dens() 呼び出し）を実行すると、グラフがアクティブウィンドウになり、スクリプ
トが含まれているウィンドウはアクティブでなくなります。そこで、このコードの
title呼び出しのように描画コードの次の行を実行するときには、先にスクリプト
ウィンドウをアクティブにするようにしてください。

● 同様に、「カーソル行または選択中のRコードを実行」ではなく「全て実行」コマンドを
使うときには、「全て実行」を選択する前にスクリプトウィンドウをアクティブにして
ください。そうでなければ、「全て実行」コマンドは見つかりません。

● X軸のラベルのN ＝ 10000の部分の意味は言うまでもないでしょう。グラフが10,000
個のレコードに基づいて描かれていることを示しています。しかし、Bandwidthの部
分は少しわかりにくいだろうと思います。これは、プロットされたデータセットのばら
つきの度合いを示しており、標準偏差と四分位範囲（IQR）のややこしい組み合わせか
ら計算されます（標準偏差かIQR/1.34のどちらか小さい方の0.9倍をサンプルサイズの
1/5乗で割った値）。

● そもそも事前分布を描く理由として切実なのは、自分の前提が現実に一致しているかどうかのチェックです。事後分布が標準的な正規分布に似たものになることを想定しているのに、事前分布が直線のようなものであれば、何かが間違っている可能性が高いと考えられます。もちろん、最初は弱い事前分布からスタートすることに決めたのなら、何でもかまわないかもしれませんが、間違っている可能性があるということは考えなければなりません。

● 図5-1には、2本のグラフが描かれています。1本はわずかにギザギザになっているもので、平均203.6、標準偏差40.6の正規分布から無作為に抽出した標本を表しています。もう1本はそれよりもなめらかな曲線で、観測値ではなく計算から得た正規曲線を表しています。これは、想定している理想に標本がどれだけ近いか(または遠いか)の判断基準を提供するためのグラフです。dens関数にnorm.comp引数を渡すことにより、この比較用の曲線を描くことを要求しているのです。

この種の分析で使われるすべての変数の分布が正規曲線に似たものになるわけではありません。曲線を左右にずらすと、平均はそれにともなって大きくなったり小さくなったりします。しかし、分散や標準偏差はそうはなりません。正の値でなければならないとか、平均が代わっても一定になるといった制限があります。図5-2は、σの値を描いたもので、次のようにして作っています(ダウンロードファイルのf5-2.r参照)。

```
x <- seq(-20, 100, by = 0.1)
plot(x, dunif(x, 0, 80), type = "l", main="σ: 一様分布")
```

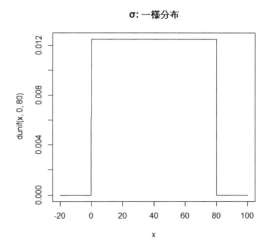

**図5-2** 一定の値を保つ標準偏差の確率密度をグラフにしたもの。平均がとり得る値の範囲全体に渡って標準偏差は一定になる

要約統計量を見たいなら、rethinkingパッケージのprecis、PI関数があります。**リスト5-1**は、データフレームに含まれる変数の要約統計量を表示している**post**の出力を示しています。この情報を得るためのコードはきわめて単純で、**post**のようなデータフレームを引数として**precis**関数を呼び出すだけです。

```
precis(post)
```

Rは**リスト5-1**のような出力を返します。

**リスト5-1** 事後分布を格納したデータフレームの要約統計

```
'data.frame': 10000 obs. of 5 variables:
            mean   sd      5.5%      94.5%        histogram
μ         205.05 2.89    200.60    209.50
σ          41.52 1.15     39.74     43.30
対数尤度  -1547.28 1.38  -1550.08  -1545.91
事後分布 -10780.77 6.44 -10794.56 -10774.34
対最大値比    0.17 0.27      0.00      0.79
```

各変数の上位信頼水準の右に表示されている小さなヒストグラムは、コンピューターが実行しているハードウェアとソフトウェアによっては表示されない場合があります。

**リスト5-2**は、PI(post$対最大値比)による単変量推定を示しています（ダウンロードファイルの **f5-2.r** 参照）。デフォルトの区間は一般的な90%や95%ではなく85%になっていますが、これはrethinkingパッケージの開発者が5%と95%とか2.5%と97.5%といった区切り（基本的に習慣的なものででたらめなもの）に対して距離を置いていることを表しています。

**リスト5-2** postデータフレームの相対確率列（対最大値比）の確信区間

```
        5%          94%
1.30000e-09 7.88252e-01
```

母数の事後分布を見るのもよいでしょう。そのためには、事後分布から標本を抽出し（復元抽出で）、結果をプロットして解析するというよい方法があります。Rに戻ってきたのはそのためです。というのも、Rなら標本抽出の方法を簡単に制御できるのです。

この章で行った分析を実行するためにVBAではなくRを使っていれば、データフレームにはさまざまな分析用の変数が加わるはずです。そのデータフレームの名前は、たとえばPosteriorのようなものになるでしょう。そして、PosteriorにはProbabilityという変数が含まれるはずです。VBAコードが実行を終了した時点では、**対最大値比**は10,000個のレコードのどれかがほかの9,999個と同じようにデータフレームに含まれることになるかどうかについて何も意味を持ちません。コードは最初の$\mu$と$\sigma$で300個のコレステロール計測値を処理して格納し、次は第2の$\mu$と$\sigma$で300個のコレステロール計測値を処理して格納しただけです。

しかし、Rには大きな標本（または母集団）から標本を抽出するだけでなく、大きな標本における出現確率に基づいて抽出する標本を選択できる**sample**関数があります（VBAには同等の関数はありません）。この第2のタイプの抽出をするためには出現確率の情報が必要ですが、この章のVBAコードで作ったCSVファイルには**対最大値比**列といううってつけのフィールドがあり、**read.csv**関数でそのCSVファイルを読み出して作った**post**データフレームにもその情報が含まれています。それを使いましょう。

第2のタイプの抽出は、次のコードで行います。

```
sample.rows <- sample(1:nrow(post), size=1e4, replace=TRUE, prob=post$対最大値比)
```

引数の**1:nrow(post)**は、**post**の見出し行を除くデータ本体の1行目（全体の2行目）から最終行までがサンプリングの対象であることを示し、**size=1e4**は抽出する標本数（e4は10の4乗を表すので、10,000ということです）を示します。

このコードは、**post**（VBAで作ったデータ）から10,000個のレコードを作ります。100%のサンプリングということになりますが、Excelの**出力**ワークシートで**対最大値比**列が比較的大きかったレコードは繰り返し抽出され、小さかったレコードは1度も抽出されないでしょう。このように同じレコードの複数回の抽出を認める標本抽出を**復元抽出**（sampling with replacement）と呼びます。たとえば、123番のレコードを抽出しても、繰り返し抽出できるようにそれをソース（大きな標本または母集団）に戻すのです。

**sample**関数の**replace**引数を**TRUE**にすると、復元抽出ができます。デフォルトは**FALSE**で、標本を1個抽出すると抽出元の抽出単位が1個減る非復元抽出を実行します。さらに、**sample**関数の**対最大値比**引数は、抽出する確率を指定します。**対最大値比**が大きいレコードは抽出されやすく、この場合は復元抽出なので繰り返し抽出される可能性が高くなるわけです。そのため、**対最大値比**列の値が.0000001のレコードは、.0001のレコードより

も抽出されにくくなります。

標本の post データフレームにおける行番号を格納した sample.rows ベクトルには、今の標本抽出で抽出された 10,000 個のレコードの post におけるインデックス番号が格納されています。

```
sample.mu <- post$μ[sample.rows]
hist(sample.mu)
```

最後に R に指示して sample.mu 変数の内容をヒストグラムにします（**図5-3**、ダウンロードファイルの f5-3.r 参照）。

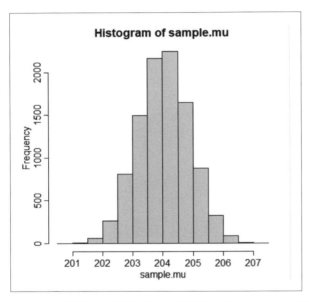

**図5-3** 事前分布の効果と尤度の効果を結合したあとの成人の総コレステロール値の分布

比較のために、この分析で尤度データを作るために使った総コレステロールの観測値のヒストグラムを作ってみましょう。l5-1-1.xlsm の入力ワークシートの内容を CSV に保存して l5-1-input.csv というファイルを作ります。その内容を次のようにして読み込み、読み込んだデータを hist 関数に与えます。

```
choles <- read.csv("l5-1-input.csv")
hist(choles$総コレステロール値)
```

すると、図5-4のようなヒストグラムが得られます。

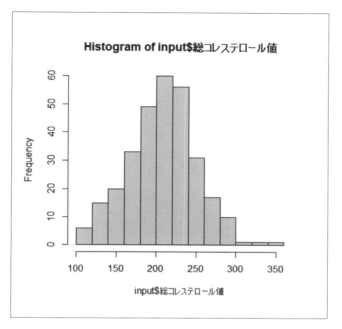

**図5-4**　未加工のコレステロール観測値にはわずかな歪みがある

# 5.3　まとめ

　この章には2つの主目的がありました。1つは、最適値を探す因子を追加するとグリッド分析のコードがいかに複雑になるかを示すことです。複雑度が増すことによって、分析の有効性が感じられなくなるほど処理は遅くなり、二次近似やMCMCといった方法の方がずっと魅力的に感じられるようになります。

　この章のもう1つの目的は、近似と事後分布がどのように連携して機能するかについての感覚をつかんでいただくことです。私が常々感じてきたことですが、問題に対するアプローチが多くなればなるほど問題の解決は楽になります。ベイズ分析に対する違った角度からの視点を獲得するために、RとExcelの比較以上に効果的な方法はありません。

# ベイズ統計学の手法を使った回帰

統計学者たちは、回帰という用語をかなり緩やかに使っています。

　もっとも単純な場合、回帰とは対応するzスコアの積の平均、すなわちピアソン相関係数を指します。もっとも古くは、回帰という言葉は、息子たちの身長がその父親たちの身長の平均前後に収まることを指します。輸送手段、自動車のブランド、製品の不良の存在など、カテゴリーを対象とするときには、一般にロジスティック回帰と呼ばれます。説明変数に対して何らかの符号化方式を適用すると、調査者は単に説明変数を観測するだけでなく操作するわけですが、それは一般線形モデルと呼ばれます。そして実験計画では、回帰分析の目的は単純に予測することではなく、説明することになります。そのため、コンテキストによって回帰はさまざまな統計学的、方法論的目的を持つことになります。

## **6.1** 頻度論の回帰分析

　このようなことから、ベイジアンの回帰に対するアプローチが頻度論のアプローチと大きく異なるのは驚くべきことではありません。しかし、ベイジアンの回帰に飛び込む前に、回帰とはどういう作業か、頻度論ではどのような方法で回帰の問題に取り組んでいるかを簡単

に説明しておきましょう。たとえば、成人が1年のうちに摂取する脂肪の量とその人から採取した血液標本中の低密度リポ（LDL）コレステロールの数値の関係をより深く理解したいと思ったとします。

よいデータを入手するために乗り越えられないような問題があるというのでもなければ、LDLと脂肪摂取量の関係は数値化できます。数値解析のための何らかの技法を使えば、求めている要約統計が得られます。

● **相関係数**（correlation coefficient）―2つの変数の関係の向きと強さを表現する-1.0から+1.0までの数値。1.0はインチ単位の身長とcm単位の身長のような完全な正の相関を表し、-1.0は完全な負の相関を表します。完全な負の相関の例としては、試験の正解の数と不正解の数の相関が挙げられます。

● $R^2$―1個の目的変数と1個以上の説明変数の間の相関の2乗。私は、説明変数が複数の場合は大文字（$R^2$）、1個の場合は小文字（$r^2$）という使い分けをすべきだと考えています。

● **傾き**または**回帰係数**―x軸が説明変数（たとえばゴルフの総打数）、y軸が目的変数（たとえばゴルフの経験年数）を表す直線の勾配（図6-1参照）。中学校で「走った距離あたりで高さがどれだけ上がるか」というような形で教わったものを思い出せばよいでしょう。

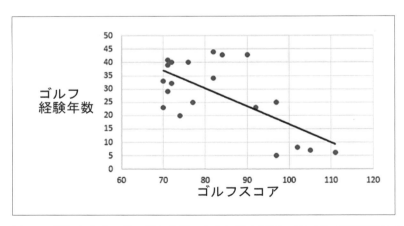

**図6-1** 摂取したカロリー量と体重のように正の相関であれば、回帰直線は上向きになる。この図はゴルフの総打数の平均とゴルフの経験年数のような負の相関を表す下向きのグラフになっている。

Rのさまざまなパッケージであれ、BMDやLotus 1-2-3などの博物館行きの古いパッケージであれ、信頼できる統計解析パッケージなら、今説明したすべての指標（およびその他のも

の）を返してくれます。ベイジアンの回帰分析に対するアプローチの特徴は、頻度論のように $R^2$ のような関数を最大化、または最小化しようとするのではなく、特定の結果の確率を最大化することを目的とすることです。

　頻度論の回帰分析の代名詞の1つとして最小二乗法というものがあります。頻度論のアルゴリズムは、観測された説明変数から予測される値と目的変数の二乗誤差が最小になるような説明変数の組み合わせを計算するのです。$R^2$、F比、切片と係数の標準誤差、推計の標準誤差といったその他の統計量は、最小二乗法の結果から導かれます。

　最小二乗法による回帰分析は、1個、2個、3個、さらにそれ以上の説明変数を操作します。回帰分析の仕事は、それらの説明変数を結合して新たな予測値の変数を作ることです。予測値は、個々の説明変数にそれぞれの相関係数を掛け、それらの積の総和を切片を加算して求めます。回帰分析は、これらの係数を最適化するという大仕事をするわけです。

　回帰分析は、そのあとで観測値（目的変数）と説明変数と回帰係数、切片から計算した結果の間の相関を計算します。1個の説明変数の値をわずかに変更すると（たとえば、5.00を 5.01にすると）、結果としてほかのすべての変数が変わります。自由度を除く回帰係数、回帰係数の標準誤差、$R^2$、F比、平方和といったすべての変数です。

　**図6-2**（ダウンロードファイルの `f6-2.xlsx`）はその例を示しています。

| | A | B | C | D | E | F | G | H |
|---|---|---|---|---|---|---|---|---|
| | | 目的変数 | 説明変数1 | 説明変数2 | | | LINEST関数 | |
| 1 | | | | | | | | |
| 2 | | 0.0720444 | 0.4099454 | 0.8970701 | | -0.85524785 | 0.04353381 | 0.86527922 |
| 3 | | 0.9376171 | 0.0357070 | 0.4126903 | | 1.25917977 | 0.68229286 | 0.75772496 |
| 4 | | 0.3118101 | 0.0839030 | 0.7633509 | | 0.22495108 | 0.45570117 | #N/A |
| 5 | | 0.0173270 | 0.0077816 | 0.4376309 | | 0.29024114 | 2.00000000 | #N/A |
| 6 | | 0.2831541 | 0.9347938 | 0.7263672 | | 0.12054501 | 0.41532711 | #N/A |
| 7 | | | | | | | | |
| 8 | | 0.0720444 | 0.4100000 | 0.8970701 | | -0.85524657 | 0.04352912 | 0.86527929 |
| 9 | | 0.9376171 | 0.0357070 | 0.4126903 | | 1.25921252 | 0.68230362 | 0.75773398 |
| 10 | | 0.3118101 | 0.0839030 | 0.7633509 | | 0.22495069 | 0.45570128 | #N/A |
| 11 | | 0.0173270 | 0.0077816 | 0.4376309 | | 0.29024049 | 2.00000000 | #N/A |
| 12 | | 0.2831541 | 0.9347938 | 0.7263672 | | 0.12054480 | 0.41532731 | #N/A |

**図6-2**　B2:D6の範囲の値は、1つの例外を除いてB8:B12の範囲の値とまったく同じ。例外はC3セルの0.4099がC8セルでは0.4100になっていること。それだけにもかかわらず、F2:H6と F8:H12の回帰統計量は自由度（G5セルとG11セル）以外すべて異なる値になっていることに注目しよう

　この図は次のようにして作ります。

● B2:D6の値は、ExcelのLINEST関数の入力として使われるデータです。実際に0から作ってみる場合には、入力したら、B8:D12にコピペしてください。

● C、Dの2列にまたがるC2:D6の値は、2個の説明変数です。

● B2:B6の値は、目的変数です。

● F2:H6はLINEST関数の実行結果です。B2:B6に目的変数、C2:D6に説明変数という名前をつけて、次の式をF2セルに入力すると、動的配列数式によってF2:H6にこの結果が表示されます。なお、動的配列数式を復習したい場合は、第3章の「ケーススタディ: 動的数式配列」を参照してください。

```
=LINEST(目的変数, 説明変数,,TRUE)
```

● B8:B12とC8:D12にB2:D6とは異なる名前（たとえば操作用目的変数、操作用説明変数）をつけて、F8セルに =LINEST(操作用目的変数, 操作用説明変数,,TRUE) という式を入力します。そのままでは上下で同じものが2つあることになります。そこで、**図6-2**のようにC8セルを書き換えてみてください。F8:H12の値がG11セルを除いて変わるところが見られます。

## 6.2 頻度論の回帰分析の具体例

　伝統的な最小二乗法による回帰分析とベイジアンの回帰分析を比較するための下準備として、**図6-2**にさらに手を加えて**図6-3**（ダウンロードファイルの f6-3.xlsx）のような表を作ってみましょう。書き換えの手順は次の通りです。まず、**図6-2**になかった予測値と二乗誤差（予測値と目的変数のずれの指標）の列を追加しましょう。

● **図6-3**のJ2:J6セルには回帰式で計算した5個のレコードの予測値を表示します。そのために、C2:C6に原説明変数1、D2:D6に原説明変数2、G2セルに原係数1、F2セルに原係数2、H2セルに原切片という名前をつけ、J2セルに次の式を入力します。

```
=原切片+原係数1*原説明変数1+原係数2*原説明変数2
```

原係数1と原係数2が逆のような感じがしますが、LINEST関数の癖で原係数2が原係数1の左に表示されます。

● 予測値と目的変数から二乗誤差を計算します。そのために、J2:J6に原予測値という名前をつけ、L2セルに =POWER ( 原目的変数 − 原予測値 , 2 ) という式を入力します。さらに、L2:L6に原二乗誤差という名前をつけ、L7セルに =SUM ( 原二乗誤差 ) という式を入力し、L7セルに二乗誤差の合計を表示します。以上がベースの分析です。

● 次に、回帰係数と切片を操作するためのスペースを作るために、第8行の前に6行の空行を挿入しましょう。第8行の左端の8という見出しをクリックして行全体を選択し、「ホーム」「セル」「シートの行を挿入」を6回繰り返せばスペースを作れます。

● F2:H6の範囲の値をF8:F12にコピーします。つまり、F2:H6を選択してコピーし、F8セルを右クリックして表示されたメニューの「形式を選択して貼り付け」から「値」か「値と数値の書式」を選んでこの範囲に数式なしの値を保存します。これは、Excelのソルバーを使いこなせるようになっていただきたいからです。つまり、回帰係数を手作業で書き換え、もとの結果と変更後の結果を比較できるようにしようということです。LINESTから返された係数と切片を自分で調整して回帰式の正確度を最大限に引き上げられるかどうかを試せるようになるわけです（動的配列数式を一部だけ変更することはできません。全部変えるかまったく変えないかです。しかし、LINESTが返してきた値だけを保存すれば、値を好きなように書き換えられます）。

● G8セルに操作後係数1、F8セルに操作後係数2、H2セルに操作後切片という名前をつけ、J2セルに次の式を入力します。

```
=操作後切片+操作後係数1＊原説明変数1+操作後係数2＊原説明変数2
```

これでJ8:J12に新しい回帰係数と切片による予測値が表示されるようになります。

● J8:J12に操作後予測値という名前をつけ、L8セルに =POWER ( 原目的変数 − 操作後予測値 , 2 ) という式を入力すると、回帰係数、切片操作後の二乗誤差がL8:L12に表示されます。さらに、L8:L12に操作後二乗誤差という名前をつけ、L13セルに =SUM ( 原二乗誤差 ) という式を入力すると、L13セルに回帰係数、切片操作後の二乗誤差の合計が表示されます。

14行から18行には**図6-2**の8行から12行までの内容が残っています。これらについても予測値と二重誤差を計算できるようにしましょう。復習しておくと、ここではB列からD列

までの目的変数と説明変数1、2をオリジナルとは異なるものに変えられます。これらの数値を書き換えると、LINEST関数の出力も変わります。F14:H18は動的配列数式なのでF8:F12とは異なり書き換えられません。**図6-2**の段階ですでにB14:B18には変更後目的変数、C14:D18には変更後説明変数という名前がついています。これからの作業は、この節冒頭の2項目と似ています。

● まず、予測値を計算できるようにします。C14:C18に変更後説明変数1、D14:D18に変更後説明変数2、G14セルに変更後係数1、F14セルに変更後係数2、H14セルに変更後切片という名前をつけ、J14セルに次の式を入力します。

```
=変更後切片+変更後係数1*変更後説明変数1+変更後係数2*変更後説明変数2
```

● 次に、二乗誤差を計算できるようにします。J14:J18に変更後予測値という名前をつけ、L14セルに =POWER( 変更後目的変数 − 変更後予測値 , 2 ) という式を入力します。さらに、L14:L18に変更後二乗誤差という名前をつけ、L7セルに =SUM( 変更後二乗誤差 ) という式を入力し、L19セルに二乗誤差の合計を表示します。

| | A | B | C | D | E | F | G | H | I | J | K | L |
|---|---|---|---|---|---|---|---|---|---|---|---|---|
| 1 | | 目的変数 | 説明変数1 | 説明変数2 | | | LINEST関数 | | | 予測値 | | 二乗誤差 |
| 2 | オリジナル | 0.0720444 | 0.4099454 | 0.8970701 | | -0.85524785 | 0.04353381 | 0.86527922 | | 0.11590843 | | 0.00192405 |
| 3 | | 0.9376171 | 0.0357070 | 0.4126903 | | 1.25917977 | 0.68229286 | 0.75772496 | | 0.51388119 | | 0.17955212 |
| 4 | | 0.3118101 | 0.0839030 | 0.7633509 | | 0.22495108 | 0.45570117 | #N/A | | 0.21607762 | | 0.00916471 |
| 5 | | 0.0173270 | 0.0077816 | 0.4376309 | | 0.29024114 | 2.00000000 | #N/A | | 0.49133509 | | 0.22468367 |
| 6 | | 0.2831541 | 0.9347938 | 0.7263672 | | 0.12054501 | 0.41532711 | #N/A | | 0.28475037 | | 0.00000255 |
| 7 | | | | | | | | | | | 総和 | 0.41532711 |
| 8 | 係数、切片操作 | | | | | -0.85524785 | 0.04400000 | 0.86527922 | | 0.11609954 | | 0.00194086 |
| 9 | | | | | | 1.25917977 | 0.68229286 | 0.75772496 | | 0.51389783 | | 0.17953802 |
| 10 | | | | | | 0.22495108 | 0.45570117 | #N/A | | 0.21611673 | | 0.00915722 |
| 11 | | | | | | 0.29024114 | 2.00000000 | #N/A | | 0.49133872 | | 0.22468711 |
| 12 | | | | | | 0.12054501 | 0.41532711 | #N/A | | 0.28518616 | | 0.00000413 |
| 13 | | | | | | | | | | | 総和 | 0.41532733 |
| 14 | 変数変更 | 0.0720444 | 0.4100000 | 0.8970701 | | -0.85524657 | 0.04352912 | 0.86527929 | | 0.11591011 | | 0.00192420 |
| 15 | | 0.9376171 | 0.0357070 | 0.4126903 | | 1.25921252 | 0.68230362 | 0.75773398 | | 0.51388163 | | 0.17955716 |
| 16 | | 0.3118101 | 0.0839030 | 0.7633509 | | 0.22495069 | 0.45570128 | #N/A | | 0.21607828 | | 0.00916458 |
| 17 | | 0.0173270 | 0.0077816 | 0.4376309 | | 0.29024049 | 2.00000000 | #N/A | | 0.49133570 | | 0.22468424 |
| 18 | | 0.2831541 | 0.9347938 | 0.7263672 | | 0.12054480 | 0.41532731 | #N/A | | 0.28474699 | | 0.00000254 |
| 19 | | | | | | | | | | | 総和 | 0.41532731 |

**図6-3** 説明変数や回帰係数を少し変えると、結果が大きく変わる

**TIP**

ExcelのTREND関数でも同じ効果が得られますが、ここでは手順をはっきりと示したかったのでLINEST関数を使いました。

L7セルはもとの値のまま変わりません。どう変えても、L13セルの二乗誤差の総和はL7セルよりも大きくなります。つまり、回帰式がもっとも正確な結果を出せるのは、LINESTの計算結果を使ったときで、もっとよい回帰係数、切片を探そうとしても無駄だということです。

ここでもっとも大切なことは何でしょうか。回帰分析の伝統的な技法である最小二乗法は、1個以上の説明変数と目的変数の関係について知りたいことをかならずしも教えてくれないということです。もちろん、伝統的な$R^2$計算から返される伝統的な点推定を無視すべきではありませんし、基準に達しない満たない$R^2$（および関連統計指標）を返してくる計算結果も無視すべきではありません。

しかし、線形回帰に柔軟に向き合うために、頻度論とベイジアンの両方の眼鏡で回帰分析の結果を見るようにすべきでしょう。この章のこれまでの部分では、回帰分析に対する頻度論的なアプローチ（特にワークシート関数のLINEST）が抱える問題の一部を取り上げました。次は行列代数に大きく依存する回帰分析手法をまず取り上げてから、ベイズ統計学のツールボックスに含まれているRのquap関数を使った新たな方法について説明しましょう。

## 6.3 行列代数による手法

自分の仕事として回帰分析を行っており、**説明変数1**、**説明変数2**、**説明変数3**という3つの説明変数の値がわかっているときに、目的変数を予測せよと求められたとします。あなたは、独断で説明変数を回帰係数1で掛けると宣言しました。すると、回帰式は次のようになるでしょう。

```
(1 * 説明変数1) + (1 * 説明変数2) + (1 * 説明変数3) = 目的変数
```

誰もあなたを止められませんが、あなたが選んだ1という回帰係数がほかの回帰係数よりもよいという可能性はまずないでしょう。それでも、あなたは回帰分析の基本要件の1つをクリアしています。それは、一連の変数とそれぞれの回帰係数を掛けて合計して新しい複合変数を作るということです。

**NOTE**

重回帰とはそういうことです。説明変数は複数でも目的変数は1個です。複数の目的変数を持つのは、多変量分散分析など、別の種類の分析なのです。回帰分析の場合、多重という形容

155

> 詞は説明変数につくものであり、目的変数にはつきません。統計学の初中級者の多くはここの
> ところが整理できていません。

　長年に渡って SYSTAT などの統計解析パッケージや Excel のようなより汎用性の高いパッ
ケージは、回帰式を解くために行列代数を使っていました。しかし、データセットのなかに
はっきりとした多重共線性を持つものが含まれていると、この方法では歯が立ちません。多
重共線性とは、回帰式に含まれる複数の説明変数の間に強い相関または完全な相関があると
きのことです。

　多重共線性が起きると、行列代数の結果がとんでもないものになります。重回帰分析の行
列の部分を取り出すと、平方和積和行列（sums of squares and cross products matrix、SSCP）
を計算し、その逆行列を計算する部分が含まれています。しかし、もとのデータ行列の1個
のフィールドが別のフィールドの線形関数になっていると、SSCP の逆行列は計算できませ
ん（通常、これは SSCP の行列式が0になるからです）。

　この問題は20世紀末にはわかっていたことでしたが、異常なことが続けて起きない限り
この問題が起きることはなかったので解決されることはありませんでした。しかも、この問
題にぶつかったときには、長ったらしいテキストのメッセージや Excel の #NUM！ 値といった
形でユーザーにエラーが伝えられていました。そこで、ユーザーは珍しいエラーが起きたこ
とを知り、データファイルを修正することができたのです。

　しかし、ユーザーはいかにまれであってもソフトウェアに問題が残っているのを嫌がるの
で、開発者たちはそれまでの行列代数の方法のかわりに **QR分解** というアプローチを採用す
ることにしました。これは、本書［訳注：原著のこと］が出版された2022年になっても、Excel
やその他の数値解析パッケージに残っているアプローチです。

　しかし、QR分解は、かならずしもあるかないかがはっきりしているわけではない多重共線
性問題を本当の意味で解決してくれるわけではありません。あるフィールドがほかのフィー
ルドのほぼ完全な線形関数になっていると、丸め誤差の問題が起きます。そしてこの丸め誤
差が分析結果の正確性を大きく損ねることがあるのです。

　一部のソフトウェアメーカーは、QR分解で多重共線性を検出したときに計算結果の回帰
係数ではなく0を表示するという妥当な解決方法を採用しています。こうすると、回帰式か
ら関連フィールドを取り除く効果を持ちます（これは役に立つかもしれませんが、破壊的な
意味を持つかもしれません）。線形関数の性質によっては、回帰ソフトウェアは回帰係数と標
準誤差の両方を0にすることがあるのです。

しかし、ここからしばらくの間はquap関数について学ぶことにしましょう。

# 6.4 quap関数による単回帰

Rのrethinkingライブラリーのquap関数は、より単純な（しかし、よい結果が得られないことも多い）グリッドサーチとより高度な（しかし、うさんくさく感じられることが多い）MCMCの間の位置にあります。まず、関数名から説明すべきでしょう。**quap**というのは、quadratic approximation（**二次近似**）の略称です（**ラプラス近似**と呼ばれることもあります）。

舞台裏では、ソフトウェアは知りたい母数（たとえば、重回帰式の回帰係数）の事後分布密度（事前分布と観測値の積）の**近似値を計算**します。そして、そのためにquapは**二次関数**を使います。そういうわけで、**二次近似**にちなんだ名前になっているのです。

quap関数は、ベイズ統計学の手法をサポートするさまざまな分析結果を返せますが、主目的は、指定した要件に従った標本を尤度として事後分布を構築することです。その要件として、事前分布を構成する正規分布の平均と標準偏差がよく使われます。quap関数は、分析に含まれる変数の間の関係を明らかにするためにも使われます。

では、早速具体的なコードを見ながら、どのように作業を進めていくかを学んでいきましょう。体重とLDL（悪玉）コレステロール値の関係に興味を持ったとします。ほかの条件が同じなら、人の体重とLDLコレステロール値の間には直接的な相関があるという単純な仮説を検証したいということです。まず、簡単な準備作業が必要になります。

```
library(rethinking)
adult.weight <- read.csv("l6-1.csv")
```

quap関数はrethinkingパッケージの一部なので、rethinkingのロードから始めます。まだない場合には、まずrethinkingをインストールする必要があります（付録A参照）。

ファイル名だけを指定したread.csv文は、作業ディレクトリのl6-1.csvファイルを開きます。読み出した内容は、adult.weightというデータフレームに格納されます。

```
sample.mean.wt <- mean(adult.weight$体重)
```

　adult.weightデータフレームには体重とLDL（LDLコレステロール値）の2つの列がありますが、adult.weight$体重で体重列だけを取り出し、mean関数で算術平均を取り、sample.mean.wt変数に格納します。LDLコレステロールは体重そのものではなく、標準体重よりも体重が重いかどうかと一定の相関があるとされていますが、標準体重は身長によって異なり、きちんと計算するのは大変ですし、これはあくまでも学習用の例なので、標本の平均体重で代用しておこうということです。ここまでが準備作業で、次の行からは分析のためのモデルの作成に入ります。

```
ldl.model <- quap(
    alist(
        LDL ~ dnorm(mu , st.dev.wt),
```

　quap関数でモデルを定義し、ldl.modelという名前のモデルに代入しています。モデルはalist関数によって作られたリストという形になっています。リストの要素には、数式ですぐに計算できるわけではない引数が含まれています。たとえば、上のLDL ~ dnorm(mu, st.dev.wt)はそのような数式、すなわちモデル式です。alistで作られるリストは、c、listで作られるリストとは異なり、かならずしも要素を評価しません。

LDL ~ dnorm(mu, st.dev.wt)は、LDLがmuを平均としst.dev.wtを標準偏差とする正規分布に従う数値だということです。これはだいたいmuで、st.dev.wt程度のばらつきがある値だと解釈すれば理解しやすくなるでしょう。

```
        mu <- alpha + beta * (adult.weight$体重 - sample.mean.wt),
```

　前行のmuの計算方法を指定しています。標準体重との差という説明変数（先ほど説明したように、adult.weight$Weight - sample.mean.wtで代用しています）にbetaという回帰係数を掛け、alphaという切片を加えると、LDLコレステロール値（の平均）になるということです。この値は式で使われている変数の値が決まれば1つに決まり、何らかの分布に含まれるどれかの値になるわけではないので、モデル式で使う~ではなく代入演算子の<-を使っています。

　これでmuが何なのかわからないという問題は解決したかに見えますが、新たにalpha、betaという素性のわからない変数が登場しています。このあとの2行でそれぞれがどういう値なのかを定義します。

```
    alpha ~ dnorm(130, 20),
    beta ~ dnorm(0, 1),
```

alphaは切片、すなわち体重が代用の標準体重とぴったり一致するときにLDLコレステロール値がどれぐらいになるかを定義します。これも、どれか1つの値に絞るのではなく、平均が130で標準偏差が20の正規分布に従う含まれる値としています。基準の範囲内で高めのところに落ち着くだろうという予想で、これが事前分布の1つになります。

betaは回帰係数で、正の値なら予想通り体重が標準体重よりも重くなればなるほどLDLコレステロール値も高くなる傾向があるということで（正の相関）、負の値なら予想とは裏腹に体重が標準体重よりも重くなればなるほどLDLコレステロール値が低くなる傾向がある（負の相関）ということになります。

```
    st.dev.wt ~ dunif(0, 50)
  data = adult.weight)
precis(ldl.model)
```

最後に、LDLコレステロール値の標準偏差は0から50までのなかのどれか一定の値だと仮定します。

実際のところ、これらのdnormやdunifの引数は、極端なものでなければ何であっても大差はありません。返されてきたldl.modelをprecisに渡した結果はあまり大きく変わりません。ただ、突拍子もない値を与えるとMAPからかけ離れすぎだと文句を言われます。

以上の事前分布に尤度データのadult.weightを掛け合わせます。その最初の数行を見てみましょう。

| 体重 | LDL |
| --- | --- |
| 74.8 | 76 |
| 53.5 | 106 |
| 51.7 | 141 |
| 53.1 | 125 |
| 49.0 | 65 |

そして、コードの実行結果をprecis形式で示すと次のようになります。

```
> precis(ldl.model)
```

|  | mean | sd | 5.50% | 94.50% |
|---|---|---|---|---|
| Alpha | 133.91 | 4.28 | 127.08 | 140.75 |
| Beta | 0.33 | 0.38 | -0.29 | 0.94 |
| st.dev.wt | 30.95 | 3.1 | 26.01 | 35.9 |

ExcelでLINESTを実行した結果とRの結果を比較してみましょう。LINESTは次のようにして実行します（現在のバージョンのExcelでは、範囲を選択して[Ctrl]-[Shift]-[Enter]を押すのではなく、出力したい範囲の左上隅の1個のセルを選択して[Enter]を押します）。

```
=LINEST(B2:B51,A2:A51-AVERAGE(A2:A51),,TRUE)
```

ExcelのLINEST関数の実行結果は次の通りです。

| 0.38243859 | 134.004 |
|---|---|
| 0.4226028 | 4.468721701 |
| 0.0167753 | 31.59863418 |
| 0.81895244 | 48 |
| 817.702457 | 47926.73674 |

この出力には説明が必要でしょう。

● LINESTの出力の第1行右列の値（この場合は134.004）は、回帰式の切片です。quapモデルは133.91を返しています（precisの出力の第2行第2列）。2つの値はかなり近接したものになっています。小さな差は、quapモデルの標本誤差によるものです。

● LINESTの出力の第1行左列の値（この場合は0.3824・・・）は、最終的な回帰係数です。この場合、1個の係数だけを要求したので、回帰式の唯一の回帰係数です。quapモデルは0.33を返しています。

● LINESTの出力の第2行右列の値（この場合は4.4687・・・）は切片の標準誤差です。この値は、precisの出力の第2行第3列の0.38と近くなっています。

● LINESTの第2行左列の値（この場合は0.4226・・・）は回帰係数の標準誤差です。この値も、precisの出力の第3行第3列の0.38と近くなっています。

● LINESTの第3行右列の値（この場合は31.5986・・・）は、推定の標準誤差であり、precisの30.95と近くなっています。説明変数に対応するすべての観測値を集め、説明変数から予測される値と観測値の差の標準偏差を計算すると、それが推定の標準誤差になります。推定の標準誤差は、説明変数によって回帰式の正確性に大きな差があるかどうかを判断するために使えます。

このように、Excelの回帰分析の結果とquap、precisが返した結果を比較すると、ベイズ統計学と頻度論統計学の2つの別々のアプローチが同じ分析結果（たとえば切片、係数、標準誤差）を返し、それらの値が同じか非常に近接していることは明らかです。

しかも、多重共線性の罠に引っかかることなく、結果が得られています。それなら、さらに進んで重回帰を試してみてもよいのではないでしょうか。

### ケーススタディ：分布のタイプ

Rは17種類の分布（およびあまり一般的ではない少数のもの）をサポートしており、そのなかには、ベータ、二項、カイ二乗、F、ガンマ、対数正規、ピアソン、t、一様分布が含まれています。

個々の分布タイプにアクセスすると、分布の確率（密度/質量）、累積確率、分位数、分布に属する無作為な値が得られます。関数名の最初の文字が返される情報のタイプを示します。最初の文字として使われるのは、d、r、p、qの4種類です。

例を挙げておきましょう。

● d=density。normの前にdをつけたdnorm関数は、指定されたx（分位数）における正規分布の確率密度を返します。

● r=random。binomの前にrをつけたrbinom関数は、二項分布に含まれる値を無作為に選んで返します。

● p=probability。fの前にpをつけたpf関数は、指定されたx（分位数）におけるF分布の累積確率を返します。

● q=quantiles。lnormの前にqをつけたqlnorm関数は、指定された累積確率に対応する対数正規分布の分位数を返します。

## 6.5 重回帰の設計

50台の自動車について、重量（単位ポンド）、現時点までの平均速度（単位マイル）、平均燃費（単位マイル/ガロン、MPG）のデータがあるとします。そして、車両の重量と平均速度が燃費に与える影響に興味があるものとします。

この問題へのアプローチとしては、重量だけを説明変数とする分析と平均速度だけを説明変数とする別の分析を行うというものがあります。両方の分析のなかで$R^2$値が大きいものを燃費の予測に使うのです。

2つの分析を実施、比較する方法には、速度と重量という2つの説明変数が互いに独立ではなく、両者が相関していて分散を共有している場合に問題が起きます。その場合、重量と燃費、速度と燃費がそれぞれどの程度分散を共有しているかはわかりません。しかし、2つの分析を実施して$R^2$値を合計すると、分散の一部をダブルカウントし（2つの説明変数が共有しているため）、関係の強さについて誤解を生む可能性があります。

何が起きているかが説明できるのは、説明変数が互いに分散を共有していない（そのためそれらは互いに独立になっている）か、完全に分散を共有している（そのため分散を全部共有している）ときに限られます。もちろん、そのような完全な独立や完全な依存が現れるのは、統計学の授業で取り上げる標本のなかだけです（分散分析よりも回帰を優先し、互いに独立になるように設計されたカテゴリカルな説明変数を設計する場合は別ですが）。

両方の説明変数の分散が目的変数の分散にどの程度の関連性を持っているかを知りたい場合でも、それぞれの説明変数が分散をどの程度共有しているのかを知りたい場合でも、目的変数と共有している分散をダブルカウントせずに説明変数の効果を結合する方法が必要になります。行列代数であれQR分解であれ、重回帰はまさにそれを実現してくれます。そして、ベイジアンの手法でもそれを実現してくれるのでなければ、このテーマを長々と取り上げることはなかったでしょう。

## 6.6 ベイジアンの重回帰

quap関数で単回帰をサポートするために引数をどのように提供すべきかはこの章の前の方で説明しました。それを簡単に復習しておきましょう。与える引数は次のようなものです。

● 個々の条件の結果（たとえば自動車の燃費）を表す変数。通常は目的変数の名前になります。

```
Fueleco <- dnorm(mu, sigma)
```

たとえば、上の式はFuelecoの確率密度がmu（平均）とsigma（標準偏差）によって定義される正規分布（dnorm）に従うことを指定します。一般に、この目的変数は説明変数とともにデータフレームへの入力になります（下記参照）。

● 回帰式の結果。かならずというわけではありませんが、muという名前がよく使われます。たとえば次の通り。

```
mu <- alpha + beta * Speed
```

● 回帰式の定数（切片）と係数（傾斜）を表すパラメーター。かならずというわけではありませんが、通常はalpha、betaという名前が使われます。

● 目的変数の標準偏差を表すパラメーター。かならずというわけではありませんが、sigmaという名前がよく使われます。この値により、目的変数がx軸上で示すのばらつきの度合いが決まります。

● データフレーム（この場合はCarData）。このデータフレームは、最低でも目的変数（この場合はFuelecoの値とSpeedなどの説明変数の値）を格納します。
Speedだけを説明変数としてFuelecoの回帰分析をするときのquap関数呼び出しは、次のようになります。

```
              Fueleco ~ dnorm(mu, sigma)
              mu <- alpha + beta (Speed)
              alpha ~ dnorm(0, 1)
              beta ~ dnorm(0, 1)
              sigma ~ dexp(1)),
        data = CarData)
```

quap関数の引数について簡単に説明しておきましょう。

- 目的変数、説明変数としてquapに渡す値は、一般に渡す前に標準化すべきです。そうすると、算術オーバーフローが分析結果に与える影響を最小限に抑えられます。Rのstandardize関数を使えば自分で標準化しなくても済みますが、要するに個々の値から平均値を引き、それを変数の標準偏差で割るということです（標準化後の値は、よくZ値：z scoreと呼ばれます）

- 標準化によって得られるZ値は、平均が0、標準偏差が1です。特に、説明変数と目的変数を標準化すると、alphaとbetaの分布を表すdnormの平均、標準偏差引数として0と1を使えるので好都合です。

- quapの引数のなかで代入演算子ではなく~演算子が使われていることに注意してください。これは、引数が確率分布（この場合は正規分布）に従っていることを示しています。

- この例では、sigmaがsigma ~ dexp(1)という形で指定されています。dexp関数は指数分布の確率密度を返します。指数分布は、正規分布、ガンマ分布、ポワソン分布、ベータ分布など、ほかのさまざまな連続分布の親です。

指数分布のパラメーターは間隔（rate）またはλです。それに対し、ガウス分布は平均と標準偏差の2個のパラメーターを持ちます。Rの構文では、指数分布の間隔パラメーターはデフォルトで1であり、dexp関数は引数の分位数x（この場合は1）の確率密度を返します。指数関数は正の値しか返さず、標準偏差は定義上正の値なので、指数分布はsigmaとして使う上で便利なのです。

1個の説明変数で1個の目的変数を導き出す単回帰で必要なものは以上です。説明変数を1個追加して2個の説明変数が1個の目的変数に対して同時に与える影響を分析するときには、単回帰では省略していた4個の情報が必要です。

1. 入力データフレーム（上のコードではCarData）に新しい説明変数Weightを追加しなければなりません。

2. 次の行でWeightのための新しい回帰係数を指定しなければなりません。

```
Weight_beta ~ dnorm ( 0, 1 )
```

3. コードを読みやすくするために、既存のSpeedの回帰係数の定義も次のように書き換

えるべきでしょう。

```
Speed_beta ~ dnorm ( 0, 1 )
```

4. 回帰式に Weight 説明変数とその係数を追加しなければなりません。単回帰の回帰式は次のようなものでしたが、

```
mu <- alpha + beta * Speed
```

2変量重回帰の回帰式は次のようになります。

```
mu <- alpha + Speed_beta * Speed + Weight_beta * Weight
```

完全なコード例は次のようになります。

```
library(rethinking)

CarDataFrame <- read.csv("Cars.csv")

# CSVファイルでは、3変数に速度、重量、燃費という名前をつけています
# これらは標準化され、Speed、Weight、Fuelecoという新しい変数名で
# データフレームに格納されます
CarDataFrame$Speed <- standardize(CarDataFrame$速度)
CarDataFrame$Weight <- standardize(CarDataFrame$重量)
CarDataFrame$Fueleco <- standardize(CarDataFrame$燃費)
regmodel <- quap(
    alist(
        Fueleco ~ dnorm(mu, sigma),
        mu <- a + (Speed_beta * Speed) + (Weight_beta * Weight),
        a ~ dnorm(0, 1),
        Weight_beta ~ dnorm (0, 1),
        Speed_beta ~ dnorm (0, 1),
        sigma ~ dexp(1)
    ),
    data = CarDataFrame)
```

rethinkingライブラリーのprecis関数を使えば、要約統計を見られます。単純に作ったquapモデルの名前と（必要なら）有効桁数を指定してprecisを呼び出してみま

しょう。

```
precis(regmodel, digits=6)
```

返される情報は次の通りです。

|  | mean | sd | 5.50% | 94.50% |
|---|---|---|---|---|
| a | -0.000003 | 0.131158 | -0.209619 | 0.209612 |
| Weight_beta | -0.297978 | 0.137397 | -0.517565 | -0.078392 |
| Speed_beta | -0.011326 | 0.137393 | -0.230906 | 0.208254 |
| sigma | 0.935507 | 0.092268 | 0.788045 | 1.082968 |

（5.50%、94.50% という表記からは、5%、95% 信頼区間という因習的で恣意的な基準に対するrethinkingパッケージの開発者の抵抗の意思が感じられます）

　以上の結果をチェックするために、この節のサンプルデータを本物の回帰パッケージで処理してみましょう。この節のような連続値の説明変数と目的変数を処理するときに便利なのがlmパッケージです。ベイジアン分析を実行したあとでlmで検算する場合、作ったばかりのデータフレームを利用できるというメリットがあります。たとえば次の2文を実行すると、**図6-4**のような要約統計が返されます。

```
Car_lm <- lm(CarDataFrame$fueleco ~ CarDataFrame$Speed + CarDataFrame$Weight)
summary(Car_lm)
```

```
> Car_lm <- lm (CarDataFrame$Fueleco ~ CarDataFrame$Speed + CarDataFrame$Weight)
> summary(Car_lm)

Call:
lm(formula = CarDataFrame$Fueleco ~ CarDataFrame$Speed + CarDataFrame$Weight)

Residuals:
    Min      1Q  Median      3Q     Max
-1.8090 -0.8239 -0.1812  0.9175  1.7110

Coefficients:
                     Estimate Std. Error t value Pr(>|t|)
(Intercept)         4.087e-16  1.377e-01   0.000   1.0000
CarDataFrame$Speed -1.312e-02  1.445e-01  -0.091   0.9281
CarDataFrame$Weight -3.038e-01  1.445e-01  -2.102   0.0409 *
```

**図6-4** lm関数は伝統的な重回帰分析を実行する

まず、lmが返してきた切片（Intercept）と回帰係数（CarDataFrame$Speedと
CarDataFrame$Weight）は、quap、precisが返してきたa（α）とWeight_beta、
Speed_betaと近い値になっています。これは主として伝統的な回帰が解に到達したかど
うかの基準としてR²が最大になったときを使っているためです。

**NOTE**

> 比較をするときには、lmとprecisが回帰係数を異なる形式で表示することに注意しま
> しょう。

lmはデフォルトで有効桁数がわずか3桁です。しかし、quapの有効桁数は、digits引
数で指定できます。回帰係数の比較では、たとえば有効桁数を8桁ぐらいにしたいところで
す。そのために便利なのがoptions関数です。たとえば次のようにすると、

```
options(digits=4)
coef(Car_lm)
```

次のような出力が得られます。

```
(Intercept) CarDataFrame$Speed CarDataFrame$Weight
 4.087e-16          -1.312e-02          -3.038e-01
```

さらに次のようにすると、

```
options(digits=6)
coef(Car_lm)
```

次のような出力が得られます。

```
(Intercept) CarDataFrame$Speed CarDataFrame$Weight
4.08699e-16          -1.31152e-02          -3.03765e-01
```

Rで数値の形式を指定する方法はたくさんあります。今使ったoptionsはRの基本関数
ですが、digitsはquap関数（およびその他多くの関数）だけが使えます。

167

# 6.7 まとめ

　この章の主目的は、MCMCサンプリングにおける物理学のような難解な細部に惑わされずにベイズ分析とは何かを明らかにすることでした。グリッドサーチのように過度に単純な話題から重回帰のように過度に複雑な話題に進むために間に飛び石を置きたかったのです。

　私は、quapの作者であるリチャード・マケレス氏の考えも同じだと思っています。ベイズ分析の技法で変数の分布の定義が必要な理由、分布の定義が果たす役割を理解することが大切です。そうすれば、本書の最後の2章のテーマである名義変数とMCMCもわかりやすくなるはずです。

# 名義変数の処理

　最近の数章では、理論的、背景的なテーマのためにかなりの時間を使ってきました。そういったテーマが果たす意味を理解しなければ、ベイズ分析が機能する理由や仕組みはなかなか理解できないので、そういったことに時間を使ったのはよかったと思っています。

　教養課程レベルの統計学の授業で一番最初ではなくても最初の方で教えられる推定の技法の1つにt検定があります。基本であり初歩的なt検定の目的は、連続分布を持つ2つの集団の平均に有意な差があるかあるかどうかを判定することです（ただし、t検定は平均値の間の有意差の検定に限られたものではありません）。

　たとえば、調査者は女性の中から無作為に集団を抽出し、男性からも別の集団を抽出します。そして、t検定を使って2つの集団の平均身長の差が統計学的に有意かどうか、つまり同じ実験を繰り返したときに同じ結果が得られる確率が高いかどうかを判定します。

　あるいは、患者のなかから男性と女性の2つの集団を無作為に抽出し、抗体数に基づいてワクチンが男女で同じ効果を持っているかどうかを判定します。この方法では、被験者を治療群と対照群に振り分けるときに無作為抽出を使うため、集団への振り分けを説明変数、抗体数を目的変数として扱います。集団の抗体数の差異はどちらの集団に振り分けられたかによって決まり、それ以外の条件は無作為抽出を使っているので同じだと仮定するのです。

　t検定はいくつかの前提を設けますが、その前提を守らなくても許される場合があります。

● **正規分布**：t検定は目的変数が母集団内で正規分布に従っていることを前提とします。

この前提はt検定がまだ開発中だったときに設けられたものですが、t検定の結果に与える影響は無視できることがわかっています。しかも、頻度論の理論家たちは、この前提の違反に対する完全に満足できる是正方法を開発できていません。

● **等分散性**（Homogeneity of variance）：目的変数の分散は、母集団内で等しいことを前提とします。この前提も、標本数が同じなら（つまり、$n_1 = n_2$）、違反しても試験の結果に与える影響は無視できます。

● **観測値の独立性**（independence of observations）：この前提は決定的に重要であり、違反すると実験から得られた確率の正確性に重大な影響を及ぼします。もっとも、「鷲掴み」標本とか「便宜的」標本ではなく、慎重かつ丁寧に無作為な選択と振り分けをすればこの種のミスは避けられます。ある被験者の選択と集団への振り分けが別の被験者の選択と集団への振り分けに影響を及ぼしていないと確信を持って言えるようにしましょう。たとえば、手軽な手段で被験者を選択したために、同じ家族の複数のメンバーが同じ集団に入っているようなら、この前提に違反してしまいます。特に、政治的傾向のような比較的ソフトな対象を計測する場合、被験者集団に夫婦の両方が入ると独立した観測とは言えなくなり、得られた推定確率は信頼できなくなります。夫婦になったふたりの回答は出会っていなければ異なるものになっていた可能性があります。

同じ被験者集団で複数のt検定をしないようにすることも大切です。たとえば、母集団から30人の被験者を無作為に選び、無作為に3つの集団に振り分けたとします。そして3つのt検定を実施し、0、1、2個の集団の平均とほかの集団の平均の差がたとえば0.05の有意水準を下回るほど大きいかどうかを調べます。

この場合、たとえ無作為抽出によって集団の同質性を確保したとしても、検定自体が互いに統計学的に独立ではなくなります。少なくとも1つの比較の統計学的「有意性」が誤りである確率は0.05以上になるでしょう。

この問題についてはこの章で詳しく説明します（問題は、後続のt検定がもとの確率空間の一部を使い尽くしており、t検定はこの問題を完全に修正できる手段を持っていないことです。これもベイズ統計のアプローチを検討すべき理由の1つになっています）。

## NOTE

分散と集団の大きさが等しくないという問題を防ぐために、シェッフェ（Scheffé）の方法、テューキー（Tukey）のHSD（Honestly Significant Different）検定、ボンフェローニ（Bonferroni）補正、ニューマン＝コイルス（Newman-Keuls）法などの手続きが考え出されました。ここで複数のt検定手法を持ち出したのは、明らかに有効な検定だからです。しかし、3つ以上の集団が関わってくるとそうとは言えなくなります。

　ベイジアンの立場から見ると、これらの問題は**部分プーリング**（patial pooling）などのツールを持つ多水準モデルが解決してくれます。部分プーリングは、位置をずらすことによって推定の正確度を向上させます。本書ではこれらの手法を深く掘り下げてはいきませんが、名義変数を使った線形回帰モデルはこのテーマに含まれます。

# 7.1　ダミーコーディング

　**ダミーコーディング**（dummy coding）とは、一般に集団のメンバーかそうでないかを1と0で表すことです。内部で整合性が取れていれば、区別の手段は1と0でなくてもかまいません。研究のなかで男性を表すために一貫して使うなら、男性を**オムレツ**で表してもかまいません。

| | A | B | C | D | E | F | G |
|---|---|---|---|---|---|---|---|
| 1 | 目的変数 | 支持政党 | 集団 | | 概要 | | |
| 2 | 1.0 | 共和党 | 1 | | | | |
| 3 | 3.0 | 共和党 | 1 | | | 回帰統計 | |
| 4 | 3.0 | 共和党 | 1 | | 重相関 R | 0.045407661 | |
| 5 | 7.0 | 共和党 | 1 | | 重決定 R2 | 0.002061856 | |
| 6 | 9.0 | 共和党 | 1 | | 補正 R2 | -0.122680412 | |
| 7 | 3.0 | 民主党 | 0 | | 標準誤差 | 2.459674775 | |
| 8 | 6.0 | 民主党 | 0 | | 観測数 | 10 | |
| 9 | 5.0 | 民主党 | 0 | | | | |
| 10 | 4.0 | 民主党 | 0 | | | | |
| 11 | 4.0 | 民主党 | 0 | | | | |
| 12 | | | | | | | |
| 13 | | | | | | 係数 | 標準誤差 |
| 14 | 目的変数の平均、共和党 | 4.6 | | | 切片 | 4.4 | 1.1 |
| 15 | 目的変数の平均、民主党 | 4.4 | | | X 値 1 | 0.2 | 1.555634919 |

**図7-1**　Groupベクトルの1は共和党支持の被験者を表す

　具体例を見てみましょう。高校生の集団から無作為に10人の将来の有権者を抽出したとします。彼らには、教育委員選挙に出ている地域の2人の候補が準備した論点リストを読んでもらってどの政党の候補者を支持するかを答えてもらっています。

　5人が民主党支持者、5人が共和党支持者です。**図7-1**は調査結果をまとめたもので、統計解析の調査結果を示す方法としてダミーコーディングを使っています。ダミーコーディングを使うと、**図7-1**のA2:C6の範囲が示す5人の生徒は、C列の1によって共和党支持者だということが示せます。A7:C11は、その他の（つまり民主党支持の）生徒のデータです。

B14 と B15 には、目的変数（おそらく、過去 3 か月にボランティア活動に従事した時間数）の群平均が表示されています。

E 列から G 列までは、Excel の分析ツールアドインの分析結果を示しています［訳注：1 章でも触れた「データ分析」コマンドを選択し、「分析ツール」リストから「回帰分析」を選択すると、回帰分析の設定ダイアログが表示されます。このダイアログで「入力元」の「Y 範囲」に「$A$2:$A$11」、「X 範囲」に「$C$2:$C$11」を指定して「OK」ボタンを押すと、新しいワークシートに E 列から G 列に示した内容を含む分析結果が返されます］。

集団ベクトルで 0 となっている民主党支持者の平均は、F14 セルの切片の値と同じです。また、回帰係数（この場合は回帰式に含まれる唯一の回帰係数）は 2 つの集団の群平均の差と等しくなっています。名義変数の説明変数と連続変数の目的変数で Excel が回帰分析を行うところを見ると、ダミーコーディングと回帰分析の組み合わせがどのような代物かがわかります。

重回帰の計算で電卓を使っていた時代には、ダミーコーディングやエフェクトコーディングといったコード化方式がよく使われていましたが、その理由の 1 つは付随的な計算が大幅に楽になるということでした。たとえば次のようなことです。

● 図 7-2 で無党派グループには、支持政党を符号化した C、D 列で 0 が与えられていることに注目しましょう。図 7-2 のデータで重回帰分析を実行すると、回帰式の切片が C、D 両列で 0 となっている集団の平均と等しくなることがわかります。

● 集団の回帰係数は、その集団の平均と C、D 両列で 0 となっている集団の平均の差に等しくなっています。

ダミーコーディングとその類似方式にはそのような抜け道がありますが、以前ならメインフレームが必要だったようなソフトウェアを PC で実行できるようになった現在では、そのような抜け道は不要になりました。

図 7-1 では、C 列のベクトルだけで所属集団を識別できることに注意しましょう。これは一般的に当てはまることです。ダミーコーディングでは、集団数マイナス 1 個のベクトルが必要になります。たとえば、第 3 の政治傾向に対応するために別の列が必要になった図 7-2 と図 7-1 を比較してみましょう。

共和党支持者の被験者は、もとの
ベクトル（C列）では1のままです
が、新しい（第2の）所属集団ベク
トルでは0になっています。第2の
D列の所属集団ベクトルは、共和党
支持者には0、民主党支持者には1
を与えています。しかし、新たに追
加された第3の集団、無党派にはC、
Dの両列で0を与えています。

| | A | B | C | D | E |
|---|---|---|---|---|---|
| 1 | 目的変数 | 支持政党 | 集団A | 集団B | |
| 2 | 1.0 | 共和党 | 1 | 0 | |
| 3 | 3.0 | 共和党 | 1 | 0 | |
| 4 | 3.0 | 共和党 | 1 | 0 | |
| 5 | 7.0 | 共和党 | 1 | 0 | |
| 6 | 9.0 | 共和党 | 1 | 0 | |
| 7 | 3.0 | 民主党 | 0 | 1 | |
| 8 | 6.0 | 民主党 | 0 | 1 | |
| 9 | 5.0 | 民主党 | 0 | 1 | |
| 10 | 4.0 | 民主党 | 0 | 1 | |
| 11 | 4.0 | 民主党 | 0 | 1 | |
| 12 | 2.0 | 無党派 | 0 | 0 | |
| 13 | 3.0 | 無党派 | 0 | 0 | |
| 14 | 11.0 | 無党派 | 0 | 0 | |
| 15 | 4.0 | 無党派 | 0 | 0 | |
| 16 | 3.0 | 無党派 | 0 | 0 | |
| 17 | | | | | |
| 18 | | | | | |
| 19 | 目的変数の平均、共和党 | 4.6 | | | |
| 20 | 目的変数の平均、民主党 | 4.4 | | | |
| 21 | 目的変数の平均、無党派 | 4.6 | | | |

図7-2 の3集団データに対して
Excelの回帰関数を実行して得られ
た図7-3 の分析に何が起きたでしょ
うか。

図7-2　新しい集団を追加すると新しい列が必要になる

| | A | B | C | D | E | F | G | H |
|---|---|---|---|---|---|---|---|---|
| 1 | 目的変数 | 支持政党 | 集団A | 集団B | | 概要 | | |
| 2 | 1.0 | 共和党 | 1 | 0 | | | | |
| 3 | 3.0 | 共和党 | 1 | 0 | | | 回帰統計 | |
| 4 | 3.0 | 共和党 | 1 | 0 | | 重相関 R | 0.036202431 | |
| 5 | 7.0 | 共和党 | 1 | 0 | | 重決定 R2 | 0.001310616 | |
| 6 | 9.0 | 共和党 | 1 | 0 | | 補正 R2 | -0.165137615 | |
| 7 | 3.0 | 民主党 | 0 | 1 | | 標準誤差 | 2.909753712 | |
| 8 | 6.0 | 民主党 | 0 | 1 | | 観測数 | 15 | |
| 9 | 5.0 | 民主党 | 0 | 1 | | | | |
| 10 | 4.0 | 民主党 | 0 | 1 | | | | |
| 11 | 4.0 | 民主党 | 0 | 1 | | | 係数 | 標準誤差 |
| 12 | 2.0 | 無党派 | 0 | 0 | | 切片 | 4.6 | 1.30128142 |
| 13 | 3.0 | 無党派 | 0 | 0 | | X 値 1 | 2.1065E-16 | 1.840289832 |
| 14 | 11.0 | 無党派 | 0 | 0 | | X 値 2 | -0.2 | 1.840289832 |
| 15 | 4.0 | 無党派 | 0 | 0 | | | | |
| 16 | 3.0 | 無党派 | 0 | 0 | | | | |
| 17 | | | | | | | | |
| 18 | | | | | | | | |
| 19 | 目的変数の平均、共和党 | 4.6 | | | | | | |
| 20 | 目的変数の平均、民主党 | 4.4 | | | | | | |
| 21 | 目的変数の平均、無党派 | 4.6 | | | | | | |

図7-3　Excelのデータ分析アドインで回帰分析をした結果。見やすくするために、結果の大半は表示していない

173

　**図7-1**と同様に、回帰式の切片（G12セルの4.6）は所属集団ベクトルがすべて0の無党派集団の平均と等しくなっています。

　そして共和党支持者（C2:C6）の集団Aの回帰係数は0.0（G13セル）となっています。共和党支持者の平均は4.6（B19セル）で、無党派の平均（B21セル）と同じです。群平均と切片のこのようなパターンは、因子（たとえば緑の党、社会党）を追加しても続きます。

　頻度論の視点からは、既存の因子に新しい水準（または新しい因子、共変量）を追加するたびに、行列に新しいベクトルが追加されます。すると、残差平方和から自由度が1減り、それが回帰平方和に加えられます。極端な場合、そのために残差の自由度を使い尽くすことがあります。少なくとも、自由度を失うたびに残差平方和は増えるので、あなたの統計解析の検定力は下がります。しかし、Rとquapを使っていれば、この問題は起きません。

### 自由度（degrees of freedom）

> 　自由度は複雑な概念です。自由度は、母集団値の推定に使われる統計値のバイアスを修正するために使われます。統計値の自由度としては、統計値を構成する事例数マイナス1がよく使われます（かならずそうだというわけではありません）。自由度については、*Statistical Analysis: Microsoft Excel 2016*（Que, 2018）でもっとしっかりと説明しています。

　ダミーコーディングは暗黙のうちに使われている場合もあります。その場合、緑の党や社会党といった新たな因子水準の名前に代わって新たな0と1の値によるベクトルが追加されます。SAS、Stata、SPSSといった大半の市販ソフトウェアは、入力値の一部として因子水準名を受け付け、必要なベクトルと0、1の値を自動的に生成します（因子間、因子、共変量間の交互作用を表すベクトルを含め）。

　市販ソフトウェアは、歴史的に0か1かというダミーコーディングを使ってきました（ユーザーが集団ラベルを与え、ソフトウェアが舞台裏でベクトルとコードを用意する場合も含め）。

　しかし、性別や支持政党といった名義変数をコードに変換するための手法はダミーコーディングだけではありません。たとえば、エフェクトコーディングは、特定の集団のすべてのベクトルで0ではなく-1を使います。その結果、この符号化方式では、各集団の回帰係数は目的変数の群平均と目的変数全体の平均の差であり、そのため「エフェクト（効果）コーディング」と呼ばれています。各集団の回帰係数がその集団の全体平均に対する**効果**を表しているのです。

　**図7-4**と**図7-5**はダミーコーディングとエフェクトコーディングの違いを示す具体例です。

要約統計の回帰関連の統計値は2つの図で同じになっています。ダミーコーディングをエフェクトコーディングに変えても、R²、標準誤差と関連統計値に変化はありません。

しかし、**図7-4**では、各ベクトルの回帰係数はそのベクトルの群平均と両方のベクトルで0が与えられている集団の群平均の差になっています。そのため、**図7-4**のF20セルの2.4は、C19セルの9.6とC21セルの7.2の差です。

同様に、**図7-4**のF21セルの4.2は、C20セルの11.4とC21セルの7.2の差です。この結果と**図7-5**の結果を比較してみましょう。

**図7-5**では、各ベクトルの回帰係数は、そのベクトルの群平均と目的変数全体の平均の差になっています。そのため、**図7-5**のF20セルの0.2は、C19セルの9.6とC22セルの9.4の差です。

同様に、**図7-5**のF21セルの2は、C20セルの11.4とC22セルの9.4の差です。

以上をまとめておきましょう。

● ダミーコーディングとエフェクトコーディングの間で切り替えをしても、推定のR²や標準誤差といった回帰の要約統計値は変わりません。コーディング方式を切り替えても、回帰式が正確になったり不正確になったりはし

| | A | B | C | D | E | F |
|---|---|---|---|---|---|---|
| 1 | Y | X1 | X2 | | 概要 | |
| 2 | 6 | 1 | 0 | | | |
| 3 | 7 | 1 | 0 | | 回帰統計 | |
| 4 | 11 | 1 | 0 | | 重相関 R | 0.64237015 |
| 5 | 12 | 1 | 0 | | 重決定 R2 | 0.41263941 |
| 6 | 12 | 1 | 0 | | 補正 R2 | 0.31474597 |
| 7 | 11 | 0 | 1 | | 標準誤差 | 2.29492193 |
| 8 | 9 | 0 | 1 | | 観測数 | 15 |
| 9 | 10 | 0 | 1 | | | |
| 10 | 12 | 0 | 1 | | | |
| 11 | 15 | 0 | 1 | | | |
| 12 | 5 | 0 | 0 | | | |
| 13 | 7 | 0 | 0 | | | |
| 14 | 8 | 0 | 0 | | | |
| 15 | 9 | 0 | 0 | | | |
| 16 | 7 | 0 | 0 | | | |
| 17 | | | | | | |
| 18 | | | 平均 | | | 係数 |
| 19 | | 集団1 | 9.6 | | 切片 | 7.2 |
| 20 | | 集団2 | 11.4 | | X 値 1 | 2.4 |
| 21 | | 集団3 | 7.2 | | X 値 2 | 4.2 |
| 22 | | 全体 | 9.4 | | | |

**図7-4** ダミーコーディングの例。B12:C6の範囲だけ2つのベクトルが0になっている

| | A | B | C | D | E | F |
|---|---|---|---|---|---|---|
| 1 | Y | X1 | X2 | | 概要 | |
| 2 | 6 | 1 | 0 | | | |
| 3 | 7 | 1 | 0 | | 回帰統計 | |
| 4 | 11 | 1 | 0 | | 重相関 R | 0.64237015 |
| 5 | 12 | 1 | 0 | | 重決定 R2 | 0.41263941 |
| 6 | 12 | 1 | 0 | | 補正 R2 | 0.31474597 |
| 7 | 11 | 0 | 1 | | 標準誤差 | 2.29492193 |
| 8 | 9 | 0 | 1 | | 観測数 | 15 |
| 9 | 10 | 0 | 1 | | | |
| 10 | 12 | 0 | 1 | | | |
| 11 | 15 | 0 | 1 | | | |
| 12 | 5 | -1 | -1 | | | |
| 13 | 7 | -1 | -1 | | | |
| 14 | 8 | -1 | -1 | | | |
| 15 | 9 | -1 | -1 | | | |
| 16 | 7 | -1 | -1 | | | |
| 17 | | | | | | |
| 18 | | | 平均 | | | 係数 |
| 19 | | 集団1 | 9.6 | | 切片 | 9.4 |
| 20 | | 集団2 | 11.4 | | X 値 1 | 0.2 |
| 21 | | 集団3 | 7.2 | | X 値 2 | 2 |
| 22 | | 全体 | 9.4 | | | |

**図7-5** 図7-4との入力データの違いは、第3の集団に属する事例の0が-1になっていることだけ（図7-4と図7-5でB12:C16の値を比較してみよう）

ません。

● ダミーコーディングですべて0で表す集団をどれにするかを選ぶと、回帰係数同士を比較できます。

● エフェクトコーディングを使うと、群平均と目的変数全体の平均を対比できます。たとえば、**図7-5**では、集団1の群平均は9.6で目的変数全体の平均は9.4です。両平均の差は0.2であり、それは集団1の回帰係数にもなっています。

比較の対象を特定の集団にするか目的変数全体の平均にするかは、メタ分析で計算している効果のタイプによって左右されます。治療群を対照群と比較させたい場合もあれば、全体平均と比較させたい場合もあるでしょう。章末までにグラフィカルな形でこのような比較を行う方法を示します。


# 7.2 コードではなくテキストラベルを使う方法

この章の初めの方で、t検定は高等教育の授業で最初に教えられる統計学的推定技法の1つだと言いました。治療群の実験結果が対照群の実験結果と有意に異なる確率の数値化は、t検定の典型的な使い方です。仮説的な基準と比較することもできます。たとえば、「治療後、無作為に選択した集団の平均コレステロール値が140未満になる確率はどれだけか」というような形です。

t検定には、帰無仮説を使うという特徴があります（分散分析など、ほかのさまざまな推論的な手法もそうですが）。一般に、帰無仮説は、実験的な治療の結果何も起きなかったという形を取ります。実験者の目的は、治療の有無以外では同等な治療群と対照群が治療後のコレステロール値で大きな差を生み出すことを示すことです。

各集団の平均コレステロール値が、実験開始時には180だったのに、実験終了時には治療群の平均水準が140、対照群の平均水準は変化なしとなるということを確実な形で明らかにすることが実験の目的となります。帰無仮説が正しかった場合（つまり、治療の結果何も起きていない場合）、実際の結果が帰無仮説を棄却できるほどのものになるでしょうか。

言い換えれば、治療をしていないことを除けば同等の対照群の平均コレステロール値が180に留まっているのに、治療群の平均が40も下がったらどれだけ驚くかということです。

　少なくとも頻度論の統計学者が広めた限りでは、この問いに対する答えが統計学理論の核心です。私たちは、「実験により、帰無仮説は95%の信頼区間から外れているため棄却される」というような表現で実験結果がまとめられているのをよく耳にします。この言い回しは、実際には恣意的な判断に過ぎないものにでも、あたかも客観性があるかのような空気を醸し出します。

　公平に言って、私を含む頻度論統計学者の多くは、恣意的なものと客観的なものの混同に反対しています。**図7-6**は、非常に簡潔に先ほどの言い回しを表現しています。

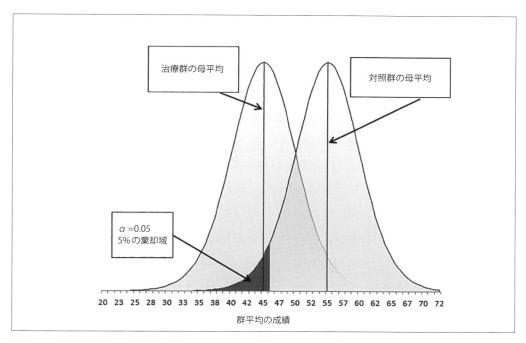

**図7-6**　治療母集団と対照母集団という2つの仮説的な母集団の分布

　**図7-6**のような実験を実施し、治療群の実験終了時の平均成績が42だったとします。すると治療群の平均は、右側の曲線の左裾にある影をつけた部分のちょうど中央になります。

　頻度論の立場でこの結果を評価してみましょう。

　《帰無仮説を棄却できなければ、実験の治療群と対照群の**サンプリング元である治療母集団と対照母集団**の母平均には差があるとは言えない、ということになる。治療に効果がなくても、対照母集団からサンプリングされた平均の5%は46よりも低くなるが、それはおそらく標本誤差、計測誤差、その他の原因による誤差だろう。それでも治療に効果はなかったと

言うぐらいなら、20のうちの1（**図7-6**に示されている対照群の5%）ではなく19に賭けた方がよい。帰無仮説が正しければ5%の第一種過誤を犯すことになるが》（第一種過誤は、治療に効果があると判断したものの実際には効果がないという誤りです。それに対し、第二種過誤は、治療に効果がないと判断したものの実際には効果があるという誤りです）。

**図7-6**のx軸の46という位置は、よく**臨界値**（critical value）と呼ばれます。結果が今説明した通りなら、臨界値があり、実際に効果なしを示す値があっても、頻度論の立場からは、両群の結果変数に違いはないという帰無仮説を棄却しなければなりません。

しかし、今説明した判断規則は決して客観的だとは言えないでしょう。ある研究者がこの種の判断で5%という制限は厳しすぎると考えれば、第一種過誤を犯す危険が高いという判断基準を10%に引き上げてもかまわないはずですし、いやいや1%だろうと考える人もいてよいでしょう。2.5%が正解だと主張する人もいるかもしれません。

要するに、この種の誤差率の判断規則として使えるような経験的に導出された厳密な原則などないということです。どうしても、選択の論理のどこかに主観的なものが混ざります。ベイジアンの方法は第一種誤差率を計算しないから頻度論の方法よりも弱いなどという議論をときどき耳にしますが、そのような議論は的外れです。

## 7.2.1 多集団の比較で現れる頻度論の問題点

第一種過誤（本当は治療の効果はないのに、実験結果は治療の効果であり偶然ではないと判断すること）の危険と密接に関連した問題として多重比較があります。この章の前の方で、3つ以上の政治傾向をコード化するというテーマを取り上げましたが、3つ（またはそれ以上）の政党が一定の距離を置いて一致していないか、2つの政党は互いに近いのに第3の政党はかけ離れているのかを調べたいとします。

その場合、どの違いを「統計学的に有意」と考えるべきなのでしょうか。つまり、同じような条件で同じような被験者を使って実験を繰り返したときに繰り返し現れる信頼できる違いは何なのでしょうか。この問いに答えるためには、共和党と民主党、共和党と無党派、民主党と無党派の比較という複数の比較作業をする必要があります。

それと同時に、集団の違いについて「この問題では共和党支持者は99%の確率で民主党支持者と意見が異なるが、無党派とは差がない」のような確率言明をしたいところです。ここで問題になるのは、逐次的に検定を実施すると、検定のたびに現在の確率空間の5%ずつが失われていくことです（**表7-1**参照）。

表7-1 　逐次的に比較を実施すると、毎回5%ずつ第一種過誤を犯す確率が上がっていく

| 最初の確率空間 | 偽陰性棄却の名目確率 | 現在の真陰性棄却確率 |
| --- | --- | --- |
| 95.0% | 95.0% | 5.0% |
| 90.3% | 95.0% | 9.8% |
| 85.7% | 95.0% | 14.3% |
| 81.5% | 95.0% | 18.5% |
| 77.4% | 95.0% | 22.6% |
| 73.5% | 95.0% | 26.5% |
| 69.8% | 95.0% | 30.2% |
| 66.3% | 95.0% | 33.7% |

　そのため、検定を続けるたびに、直前の検定の確率空間の5%が失われていきます。現在の例である独立した2党派間比較を3回実施すると、比較のたびに5%の誤差率を覚悟すればよさそうに見えますが（表の中央の列が示すように）、実際には3回の比較の蓄積により誤差率は14%（つまり100%-86%）になります。

　これは統計学的推定にとって重大な問題ではないように見えるかもしれませんが、重大な問題なのです。たとえば、あるワクチンの効果は実際には性別によって異なるとします。ベイジアン、頻度論のどちらの手法であれ、男性と女性の効果を比較する実験とワクチンの有無による効果を比較する実験の2つの別々の実験で性別とワクチンのもつれ合った効果をきれいに切り分けることなどとてもできません。

　しかも、複数回の実験でかかる費用を節約するために、複数の因子の複合効果をまとめて研究することがよくあります。

**NOTE**

> 　複数の回の比較による誤差率の増加という問題に対処するために、古くから分散分析（ANOVA）が使われてきました。ANOVAは群平均の複数の組み合わせを比較しますが、1回の検定だけでそれを行うため、t検定を複数回実施したときのように誤差率が複合的に増えていく危険性はありません。しかし、ANOVAはどこかに群平均の違いがあるかどうかを教えてくれるだけで、どこにそのような違いがあるのかまでは教えてくれません。

　頻度論統計学は、これらの難点を解決するために、伝統的に第一種過誤の確率を変えたり、同じことですが信頼区間の幅を変えたりしてきました。たとえば、ボンフェローニ補正は、有意水準を比較の回数で割ります。

そうすれば、確かに正しい帰無仮説を棄却する確率は下がります。しかし、検定力、すなわち誤った帰無仮説（偽陰性）を正しく棄却する確率も下がってしまうのです。そのため、ボンフェローニ補正はよいことだけではないのです。

この問題に対処するためのベイジアンの技法は、よく**部分プーリング**（partial pooling）と呼ばれるもので、頻度主義の技法とは異なるアプローチです。まず、群平均の計算から議論していく必要があります。これは、実際には治療群と対照群、男性と女性、生存者と非生存者といった名義群（nominal group）のメンバーに連続結果変数の平均を与えるということです。

## 7.2.2 群分け変数を連続変数として扱う

LDLという変数と体重という件数を対応付けている**表7-2**を見てみましょう。これからの部分では、この表を2回使います。1回はベイジアンの方法で単純な線形回帰を見直すため、もう1回は群平均の計算と比較のためです（変数名はそれぞれの場合に合わせて調整します）。

**表7-2** X変数は共変量としても群分け変数としても扱える

| Y | X |
|---|---|
| 6 | 1 |
| 7 | 1 |
| 11 | 1 |
| 12 | 1 |
| 12 | 1 |

※隣の表に続く

| Y | X |
|---|---|
| 11 | 0 |
| 9 | 0 |
| 10 | 0 |
| 12 | 0 |
| 15 | 0 |

※隣の表に続く

| Y | X |
|---|---|
| 5 | 2 |
| 7 | 2 |
| 8 | 2 |
| 9 | 2 |
| 7 | 2 |

Rには、X変数とY変数がともに連続変数であるかのようにしてX変数とY変数の関係を分析させられます。たとえば、Xは激しく議論されているある政治的テーマに対して回答者が自分自身をどの程度保守的だと考えているかを表す変数として扱うことができます。すると、Xを共変量として扱い、X変数からY変数を予測する回帰分析をすることができます。そのためには何よりもまず、Y変数はある政策に対する評価のような連続変数でなければなりません。かならずしもよい例ではありませんが、例として使えないものでもありません。

第6章で示した回帰分析の実行方法に従って回帰分析を行います。

```
library(rethinking)
responses <- read.csv("t7-2.csv")
```

次の行では、read.csv関数が作業ディレクトリの指定されたファイルを読み出し、その内容をresponse変数に格納しています。ファイルの内容をチェックするために、次のstr文を入れておきます。

```
str(responses)
```

次のような表示が得られるはずです。

```
'data.frame': 15 obs. of 2 variables:
$ Y: int 6 7 11 12 12 11 9 10 12 15 ...
$ X: int 1 1 1 1 1 0 0 0 0 0 ...
```

Rに特に指示をしていないので、X、Y変数はともに整数として扱われています。また、Rはresponsesをデータフレームとして扱っています。これはcsv.read関数のデフォルトの動作です。

```
PoliSciModel <- quap(alist(
```

次に、quap関数を呼び出してPoliSciModelという名前のモデルに格納します。quapにはalist呼び出しという形で必要な情報を与えます。

```
 Y ~ dnorm(mu, sigma),
```

第6章でも説明したように、この式の~演算子は、「〜分布に従っている」と解釈します。この場合、Y変数を構成する観測値は、平均がmu、標準偏差がsigmaの正規分布に従っています。dnormのdは（確率）密度（density）という意味です。

```
mu <- a + ( b * X ) ,
```

これはquapの記法であり、次のような古典的な回帰式の方がわかりやすいでしょう。

```
Y = a + bX
```

quap内のmuは予測値、aは切片、bは回帰係数、Xは説明変数です。

```
a ~ dnorm( 1 , .2 ) ,
```

切片の **a** は、平均1、標準偏差0.2の正規分布によって定義します。これらの数値は、類似の調査の歴史から得られたものです。

```
b ~ dnorm( -.3 , .2 ) ,
```

回帰係数の **b** は平均-0.3、、標準偏差0.2の正規分布によって定義します。

```
sigma ~ dunif( 0 , 10 )
```

母数 **sigma** は、最小値0、最大値10の一様分布に従っています。標準偏差（および分散）は0か正の値に制限され、**mu** の範囲全体で同じになっています。

```
),
data = responses )
```

Y と X の供給元は、データフレームの **responses** です。

**quap** が作るモデルの定義は以上です。次に、**quap** が指定した事前分布と **responses** から得られる観測値に基づいて事後分布を計算するために、**precis** 関数を呼び出します。

```
precis( PoliSciModel )
```

**表7-2** のデータと今説明した分散特性を与えて **precis** が出力する要約統計は次の通りです。

|  | mean | sd | 5.50% | 94.50% |
|---|---|---|---|---|
| a | 1.06 | 0.2 | 0.74 | 1.38 |
| b | -0.24 | 0.2 | -0.56 | 0.08 |
| sigma | 8.97 | 1.66 | 6.32 | 11.62 |

総平均を引き、全体の標準偏差で割って Y 値を標準化してから、R、Excel、Stata などのパッケージで単純な線形回帰を実行し、**precis** が返してきた結果と比較してみてください。**precis** が a to b のために返してきた平均、標準偏差と標準的な回帰ルーチンが返してきた値がかなり近いものになっていることがわかります。

完全なコード例は次のようになります。

```
library(rethinking)
setwd("C:/Users/Documents/Pearson Edits/Ch 7/Ch 7 examples")
# .csvファイルへのパスはみなさんの環境に合わせて調整してください
responses <- read.csv("t7-2.csv")
str(responses)
PoliSciModel <- quap(alist(Y ~ dnorm(mu, sigma),
                           mu <- a + (b * X),
                           a ~ dnorm(1, .2),
                           b ~ dnorm(-.3, .2),
                     data = responses)
precis(PoliSciModel)
```

## 7.3 群平均の比較

データの入手方法や利用方法によっては、**表7-2**のYはXが示す3つの集団に属するものとして扱いたい場合があります。まず、純粋に記述的な観点から、Xが0の5個のY、Xが1の5個のY、Xが2の5個のYの平均を計算します。

3つの群平均が得られたら、どれが最も大きく、どれが最も小さいかを知りたくなるでしょう。推論的思考に近づいていくと、3つの集団の標準偏差（範囲）が互いにどの程度重なり合っているかが気になってきます。大きな重なり合いがあるなら、3つの集団の母平均は実際には同じで、観測値の平均の違いは標本誤差によるものだという可能性が出てきます。

Rコードに少し変更を加えれば、群平均を比較できます。変更内容を説明しましょう。

```
library(rethinking)
d <- data.frame(read.csv("Party codes.csv"))
```

最初の2行での変更は、データファイルの名前だけです。データファイルでは、ラベルのコードではなくラベルを使うのが普通です。そこで、そういう実態に近づけるために、**t7-2'.csv**では0、1、2というコードではなく支持政党名を使っています。

```
d$Party <- as.factor(d$Party)
d$Party_id <- as.integer(d$Party)
```

　上の2行は変数の書き換えと新変数の作成のために追加したものです。Party変数は、最初は文字列変数（共和党、民主党、無党派）でしたが、as.factor関数によって因子としてふるまうように変えられています。

　as.integer関数は、Party変数内の一意な文字列値ごとに一意な整数値を持つ変数を作ります。この場合、Partyが共和党ならParty_idは1、民主党なら2、無党派なら3になります。as.integer関数にはさまざまな用途がありますが、ここでは主として最終的なprecisの表とplotのグラフでどの因子値が何を表しているかを紐付けるために使われています。

```
PartyModel <- quap(
    alist(
        Y ~ dnorm(mu, sigma),
```

　次に、quap関数でPartyModelという名前のモデルを組み立てます。alist関数でquapのために必要な母数と変数を集めています。

　dデータフレームの一部であるRating変数は、平均mu，標準偏差sigmaの正規分布です。

```
        mu <- a[Party_id],
        a[Party_id] ~ dnorm( 9.4 , 3 ),
        sigma ~ dexp( 1 )
    ),
    data=d )
```

　この章の単回帰のサンプルで使った母数aとは異なり、ここではどの因子水準を分析しているかによって異なる値のaを使っています。回帰の例では切片と回帰係数は1つずつでしたが、ここではParty_idが1から3まで変わるのに合わせて（インデックスの[Party_id]は0から2までに変化します）、a、sigma母数が変化することを認めていることと、sigmaが第6章のコード例と同様に指数分布になっていることに注意してください。

```
labels <- paste( "a[" , 1:3 , "]:" , levels(d$Party) , sep="" )
```

　この行は、Party_idと支持政党名を結合してグラフの縦軸のラベルを作っています。

```
labels=labels,
  xlab="予想される評価")
```

　ここでは、plotとprecisの両方を呼び出してグラフを描いています（**図7-7**のようなグラフになります）。ここのprecisは、グラフの準備のために、使うモデル（PartyModel）と今まで使ったことのないdepthとparsの2つの引数を取っています。

- precisのdepth引数として2を指定すると、モデルのすべての母数が表示されます。

- precisのpars引数として文字ベクトルを指定すると、母数名のベクトルが表示されます。

```
precis( PartyModel , depth=2 , pars = "a" )
```

　このprecis関数は表を表示します（描かれる表は**図7.8**に示しています）。

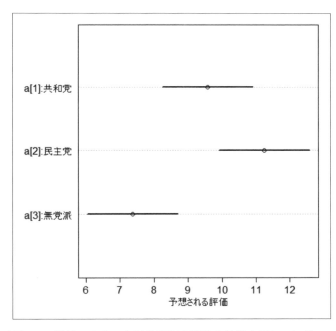

**図7-7**　横棒の中央の丸は各集団の平均の位置を示している

```
       mean    sd 5.5% 94.5%
a[1]   9.58 0.83 8.26 10.91
a[2] 11.25 0.83 9.91 12.58
a[3]   7.37 0.83 6.04  8.70
```

**図7-8**　各母数の位置を示す表

# 7.4 まとめ

次章では、マルコフ連鎖モンテカルロ法（Markov Chain Monte Carlo、MCMC）を取り上げ、MCMCがグリッドサーチよりも高速で二次近似よりも柔軟性が高い理由を説明します。

今までの章では、単回帰、重回帰の両方で通常の線形回帰と同様のことをベイジアンの手法で実現する方法を説明してきました。これはすべてMCMCに至るための道でした。グリッドサーチがぎごちない理由がわからなければ、二次近似やMCMCがグリッドサーチよりも優れている理由は容易にはわかりません。そして、MCMCが二次近似よりも高速になる仕組みは、自己相関が事後分布生成の邪魔になり無駄に長い時間を使うメカニズムを理解するまではわかりません。

しかも、これら古いアルゴリズムを使うべき状況や理由はあります。意識しなければならない母数が1つだけだったり、事前分布、尤度、事後分布がすべて正規分布だということがはっきりしているときです。

ここでようやくMCMCの章に進むことができます。本書が本棚にしまいこまれるまでに、MCMCはもっと新しい手法に取って代わられているでしょう。しかし、その手法はMCMCによく似たものになるはずです。

# 第8章

# MCMCサンプリング

**本章の内容**

- ◆ **8.1** ベイズ分析のサンプリング手法の簡単な復習
- ◆ **8.2** MCMC分析の例
- ◆ **8.3** 最後にひとこと

　ベイズ分析プロジェクトではサンプリングテクニックによって事後分布の生成手法を比較すべきであり、それは今までの章で強調してきたことです。この章では、グリッドサーチと二次近似の2種類の基本技法を復習し、第3のの技法であるマルコフ連鎖モンテカルロ法（Markov Chain Monte Carlo、MCMC）がそれらよりもどのように優れているかを明らかにしていきます。

## **8.1** ベイズ分析のサンプリング手法の簡単な復習

　t検定や分散分析といった頻度論統計学の手法も前提に基づいてサンプリングを行いますが、ベイジアンの手法とは前提の立て方が異なります。伝統的なt検定は、2つの母集団について次の3つの前提条件を設けます。

- ●「各母集団の事例は正規分布に従っている」：この前提は不要だということが示されてきました。t検定はこの前提の違反に対してびくともしません。これは「大したことではない」ということの統計学者流の言い方です。この前提を破る母集団に対してt検定を実施しても、間違った結果を返したりはしません。それでもこの前提は生きています。それは主としてこの前提がなければt検定の開発に支障があったはずだからです。

- ●「2つの母集団の分散は等しい」：この前提も検定が同じサイズの標本に基づいていれば、問題なく無視できます。t検定は、標本サイズが等しく分散が等しい母集団という前提に違反してもびくともしません（頻度論の理論家たちは、この前提の違反に対する完全に満足できる是正方法を開発できていません）。

● 「標本に含まれる個々の事例は互いに独立であることが前提であり、独立でなければならない」：兄弟姉妹といった非独立性の要素が加わると、観測の独立性を前提とした確率言明が覆される場合があります（従属集団のt検定のような特殊な分析形態を取る場合は話が別ですが）。

ベイズ分析も前提条件を設けますが、頻度論の手法の前提条件のように融通の利かないものではありません。ベイジアンたちは、母集団が特定の分布（正規分布、二項分布、ベータ分布など）に従っていることを前提とするのではなく、頻度論の手法が単に前提としているだけの分布を生成します。ベイジアンの手法は、そのために効率的なサンプリングテクニックを使います。グリッドサーチは分位数を指定して分布を定義し、二次近似は与えられた確率分布における出現確率に従った値を無作為に抽出して分析を支えます。

この章では、これらほかの手法のサンプリングのしかたとその違いをおさらいしたあとで、現在の主流であるハミルトニアンモンテカルロ法のサンプリング手法を掘り下げていきます。

## 8.1.1 グリッドサーチ

グリッドサーチは、事後分布を生成してみるという完璧に理にかなった方法です。しかし、「理にかなっている」からといって「許容できる」とは限りません。扱う母数が1個かせいぜい2個までで、事後分布でシミュレートする母数の値が膨大な数に上ることがなければ、事後分布も一瞬でシミュレートできます。しかし、事後分布に数千ものセルが含まれるようなら、グリッドサーチでは歯が立たないモデルだということになります。

たとえば、スマホゲームの新機能としてくじを実装しようとしているものとします。このくじは1日に13回引けることになっており、当たりの数だけポイントが増えます。ポイントを集めると、かわいい2次元キャラクターと交換できます。しかし、当たりが4回ちょうどの場合はドボンになって、貯めたポイントが4点消えます（さすがにマイナスにはなりません）。縁起の悪い13回という回数になっているのはそのような落とし穴があるからで、ドボンになる4という数字も中国や日本では「死」と同じ発音なので縁起の悪い数字とされています。ドボンがいやだからといって12回（以下）しか引かなければ、ポイントは手に入りません。早い段階で当たりが5回出れば安心して最後まで遊べます。

グリッドサーチを使えば、くじの当たり率とポイントの関係についての疑問に答えられます。グリッドを作ってそのなかに値を埋め、ルールに従ってどのような結果になるかを分析すれば、事後分布という形でそれらの条件が起きる確率の近似値が得られます。このプロセスは前の方の章で十分見てきましたが、もう1つ簡単な例を挙げておきましょう。

### 1. グリッドの設定

グリッドに何個の値が入るか、分位数を当距離にするかどうか（一般に等距離です）を決める必要があります。

```
grid <- seq(from=0, to=1, length.out=26)
```

こうすると、26個の分位数（成功率、すなわち当たりが出る割合を表します）を持つベクトル、すなわちグリッドが作られますが、まだ値は入っていません（**図8-1**のA列。26という値にあまり深い意味はありません。単純に小さすぎず手に負えないほど大きすぎないということと、分位数がきりのよい値になることから選んだだけです）。

### 2. 事前分布の設定

通常、事前分布はグリッドと同数の分位数を持ちます。この場合、事前の条件はまだ決めていないので、便宜的に（理想的ではありませんが）事前分布は一様分布に従うということにします。

つまり、事前分布の26個の分位数には数値1を与え、「事前分布」という名前をつけます（B列）。

```
prior <- rep(1, 26)
```

### 3. 尤度の設定

`dbinom`関数で各分位数の尤度を計算します（C列）。

```
likely <- dbinom(4, size=13, prob=grid)
```

この場合、`dbinom`関数はグリッドの分位数ごとに1回ずつ26回実行されます。

Rは、分位数の成功確率で13枚引いたくじに4枚の当たりくじが含まれている確率密度を返してきます。このくじは、当たりが4枚になりやすいようにするとスリルのある面白いものになるはずです。結果は、`likely`（尤度：likelihoodという意味）という名前の新しいベクトルに格納されます。

`likely`の計算結果は**図8-1**のC列のようになります。

189

| | A | B | C | D | E |
|---|---|---|---|---|---|
| 1 | グリッド | 事前分布 | 尤度 | 疑似正規化前の事後分布 | 疑似正規化後の事後分布 |
| 2 | 0% | 1 | 0.000000 | 0.000000 | 0.00% |
| 3 | 4% | 1 | 0.001268 | 0.001268 | 1.77% |
| 4 | 8% | 1 | 0.013828 | 0.013828 | 19.36% |
| 5 | 12% | 1 | 0.046922 | 0.046922 | 65.69% |
| 6 | 16% | 1 | 0.097566 | 0.097566 | 136.59% |
| 7 | 20% | 1 | 0.153545 | 0.153545 | 214.96% |
| 8 | 24% | 1 | 0.200666 | 0.200666 | 280.93% |
| 9 | 28% | 1 | 0.228523 | 0.228523 | 319.93% |
| 10 | 32% | 1 | 0.233070 | 0.233070 | 326.30% |
| 11 | 36% | 1 | 0.216339 | 0.216339 | 302.87% |
| 12 | 40% | 1 | 0.184462 | 0.184462 | 258.25% |
| 13 | 44% | 1 | 0.145147 | 0.145147 | 203.21% |
| 14 | 48% | 1 | 0.105512 | 0.105512 | 147.72% |
| 15 | 52% | 1 | 0.070712 | 0.070712 | 99.00% |
| 16 | 56% | 1 | 0.043464 | 0.043464 | 60.85% |
| 17 | 60% | 1 | 0.024291 | 0.024291 | 34.01% |
| 18 | 64% | 1 | 0.012183 | 0.012183 | 17.06% |
| 19 | 68% | 1 | 0.005379 | 0.005379 | 7.53% |
| 20 | 72% | 1 | 0.002033 | 0.002033 | 2.85% |

**図8-1**　一様分布を使っているので、正規化前の事後分布は尤度と等しくなる

## 4. 事前分布と尤度の結合

　事前分布と尤度の対応する要素同士を乗算し、raw_posteriorという新しいベクトルに格納します（D列）。

```
raw_posterior <- likely * prior
```

## 5. 事後分布の正規化

　各分位数の未正規化事後分布を未正規化事後分布の総和で除算します（E列）。

```
std_posterior <- raw_posterior / sum(raw_posterior)
```

　ここまで来ればどれくらいの確率でドボンになるのか、当たりくじが4枚以外のときと比べて4枚になってしまうことが飛び抜けて多いのかが気になるところでしょう。どうすればわかるでしょうか。二項分布です。試行回数引数を13、成功率引数を0.31（**図8-2**参照）、関数形式引数をFALSEに固定し、成功数引数を0から13に変えて（つまり動的配列数式を使って）BINOM.DISTを呼び出してみましょう。当たり枚数0から13までの確率がわかり

ます。また、関数形式引数をTRUEにすれば当たりが3枚以下になる確率がわかりますし、それがわかれば当たり枚数が5枚以上になる確率もわかります（**図8-2**参照）。

| | A | B | C | D |
|---|---|---|---|---|
| 1 | 当たり枚数 | 出現確率 | ～回以下 | ～回以上 |
| 2 | | =BINOM.DIST(当たり枚数, 13, 0.31, FALSE) | =BINOM.DIST(当たり枚数, 13, 0.31, TRUE) | =1-BINOM.DIST(当たり枚数, 13, 0.31, TRUE)+出現確率 |
| 3 | 0 | 0.8% | 0.8% | 100.0% |
| 4 | 1 | 4.7% | 5.5% | 99.2% |
| 5 | 2 | 12.7% | 18.1% | 94.5% |
| 6 | 3 | 20.8% | 39.0% | 81.9% |
| 7 | 4 | 23.4% | 62.4% | 61.0% |
| 8 | 5 | 18.9% | 81.3% | 37.6% |
| 9 | 6 | 11.3% | 92.7% | 18.7% |
| 10 | 7 | 5.1% | 97.8% | 7.3% |
| 11 | 8 | 1.7% | 99.5% | 2.2% |
| 12 | 9 | 0.4% | 99.9% | 0.5% |
| 13 | 10 | 0.1% | 100.0% | 0.1% |
| 14 | 11 | 0.0% | 100.0% | 0.0% |
| 15 | 12 | 0.0% | 100.0% | 0.0% |
| 16 | 13 | 0.0% | 100.0% | 0.0% |

**図8-2** ドボンの確率、それ以外の確率

　ドボンの確率が23.4%、当たりが3枚以下の確率が39.0%、5枚以上の確率が37.6%です。くじ引きはやった方が得になりそうですが、4回に1回近くは悔しい思いをすることになりそうです。

　この例は、主としてグリッドサーチを実行するために必要な手順を思い出すために示したものなので、役に立つ例とは言い難いものがあります。実際の観測値ではなく、母数値による確率密度計算を使っているいわゆるアナリティクス練習問題です。観測値の処理については、本書のグリッドサーチの章を読み直してください。

## 8.1.2 二次近似

　ベイジアン分析の第2のサンプリング方法は二次近似です。この技法で事後分布を組み立てる例は第6章と第7章で2種類示しました。この節では、二次近似の復習をして、二次近似がグリッドサーチ、MCMCと異なるポイントを強調したいと思います。

　まず**二次近似**という名前自体について説明すべきでしょう。このアプローチには、事後分布が正規分布になるという前提があります。正規分布の対数は、放物線とよく似た曲線になります。放物線は二次関数なので、放物線に基づく近似を二次近似と呼ぶ習慣が生まれたわけです。

　事後分布が正規分布になるという前提は厳しい制約ですが、一方でしっかりとした基盤があることも確かです。自然界には、動物の身長、体重、人間の体温、血圧など、正規曲線を描く分布が多数あります。このように自然界でよく発生するという正規分布の特長は私たちに時間の節約というプレゼントを与えてくれます。特に、前提となっている正規曲線を描く事後分布のサンプリングにかかる時間が節約できます。

　正規曲線には都合のよい特徴がいろいろとあります。その中でも特に重要なのは、平均と標準偏差（または分散）の値がわかれば本物の正規曲線を描けるということです。X軸の平均値さえわかればそれが正規曲線を描くための平均として使えるのです。

　このような平均に加えて標準偏差がわかれば、完全な正規曲線が描けます。
　標準偏差は、曲線全体を通じて一定です。だからこそ、**標準**偏差と呼ばれるのです。
　コンピューターは、標準偏差間の関係をもとに、平均から離れれば離れるほど曲線が下がる斜面を緩やかにしていきます。コンピューターは、曲線の頂点付近で計算した標準偏差を使って曲線全体のあらゆる点での斜度を導き出せます。

　グリッドサーチと比べたとき、二次近似のこの性質が計算時間の節約に大きく貢献することは明らかでしょう。グリッドサーチでは、データセットのあらゆる箇所で尤度を計算しなければなりません。未加工の確率の数値を正規化されていない事後分布、続いて正規化された事後分布に変換できるのはそれからです。それでも、推定する母数が性別や支持政党［訳注：もちろん、民主党と共和党以外に有力政党がないアメリカでの話です］のように1、2個だけなら、コンピューターは一瞬で答えを出してくれます。しかし、母数が10個、20個ほどもあるとか、個々の母数が取り得る値が10個、20個ほどもあるということになると、この一瞬は無限のように見えてきます。

　しかし、(1)事後分布が正規分布になると仮定することと(2)事前分布を見つけ出し、平均と標準偏差を計算するためのデータを見つけ出すことさえできれば、無限に見えたものが一瞬に近づくのです。

　二次近似がサンプリング速度の向上について正当な評価を受けている理由はここにあります。これは正しい方向に進むための重要な一歩でした。しかし、その一歩を踏み出すためには同じように厳しい制約を我慢しなければなりませんでした。その制約とは、言うまでもなく事後分布が正規曲線を描くという前提条件です。
　この種の前提条件は、ベイジアンたちが誇りにかけて排除したい存在です。事後分布に前提条件を設けるのは、まさしく頻度論的なスタイルなのです。たとえ頻度論者たちが（次第に明らかになってきたように）しょっちゅう前提条件に違反しても、堅牢性の研究によって

前提条件にあまり意味がなさそうなことがわかってきたとしても、前提条件を設けるのは頻度論的です。

　この最後の章で事後確率/分布を生成するための3種類のアプローチ（グリッドサーチ、二次近似、MCMC）を全部俎上に上げて比較したいと思った理由の1つは、これら3種類のアプローチがほぼ同じ結果を返せることにあります。

　これらは正確に同じ計算をしているわけではないので、返してくる値がまったく同じになることはなさそうに感じられます。しかし、実際には3つの方法が返してくる値は非常に近くなります。

　そのため、どの方法を選ぶかの基準は、実行速度とか設計の複雑さといったものになります。

　結局のところ、数秒で終わるか、一晩かかるかというスピードの問題が大きな比重を占めることになるでしょう。

　グリッドサーチと二次近似のスピードの差が顕著に出る例を見てみましょう。**図8-3**は、グリッド自体に100個のスロットが含まれているグリッドサーチの結果を示しています。

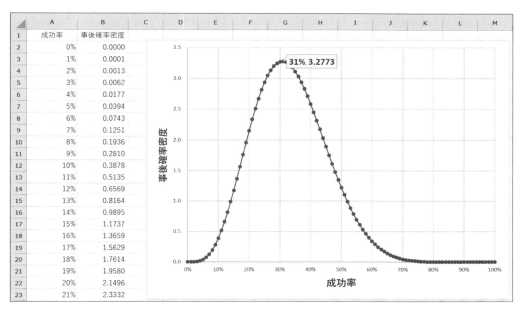

**図8-3**　この場合、正規化後の事後確率の最大値は328%で、対応するグリッドの確率値は31%になる。つまり、このデータでは当たりくじが出る確率が0.31のときに事後確率が最大の0.0328になる

　この章の初めの方で取り上げたくじの例に戻りましょう。**図8-3**では、100水準の確率を

収められるグリッドを作っています。事前分布はすべてが1の一様分布としているため、最初に事前分布と尤度を掛けるときには事前分布は結果に影響を与えません。そこで、図のA列は知りたい確率、B列はA列の確率と当たりくじ4枚、プレーヤーが引くくじの枚数の13から`dbinom`関数で得られる尤度（この場合は、正規化されていない事後分布でもあります）を正規化したものになっています。

ただし、**図8-3**は、RではなくExcelで作っています。それは、A，B列のような数値のリストとグラフを表示するためにはこの方が簡単だからです。

**図8-3**のB列の事後確率はすべてExcelのワークシート関数`BINOM.DIST`で計算しています。これらの数値は、A2:A102の範囲に**成功率**という名前をつけて、B2セルに`=BINOM.DIST(4,13,成功率,FALSE)`と入力すれば一瞬で計算されます（ダウンロードファイルのf8-1.xlsx参照）。

グラフを見ると、事後確率密度が最大になるのは当たりくじを引く確率が31%のときで、そのときの事後確率、すなわち13枚のくじで当たりが4枚になる確率密度は328%だということがわかります。つまり、グリッドサーチは、事後確率が最大（0.0328）になるのは、当たりくじを引く確率が0.31のときだということを教えてくれるわけです（成功率として4/13=0.30769…を与えると、327.787…とより大きくなります）。

**NOTE**

> コンピューターによる分析の常として、同じ分析を2回行って得た2つの結果にわずかな違いがあってもあまり気にしすぎないようにしましょう。そういうことは、標本のわずかな違いや避けられない計算誤差で簡単に起きます。
> たとえば、私がこの例を準備していたとき、Rは正規化前の事後確率質量を0.234と言ってきました。2度目に試したときには、0.233だと言ってきました。私は、こういったことのダブルチェックのために睡眠時間が削られないようにしようということを学びました。

では、二次近似ではどのような結果になるでしょうか。その結果とグリッドサーチが返してきた結果を比較してみましょう（**リスト8-1**参照）。

**リスト8-1** Rの`dbinom`関数には引数として勝利数と試行数を渡すのに対し、`dbeta`関数には引数として勝利数と敗北数を渡すことに注意しましょう。

```
library(rethinking)
cards <- quap(
```

```
    alist(
        winning ~ dbinom(winning + losing, p),  # 尤度
        p ~ dunif(0, 1)                          # 事前分布（一様分布になっている）
    ),
    data=list(winning=4, losing=9))
# 二次近似の要約統計
precis(cards, digits = 5)
    mean      sd      5.5%    94.5%
p 0.30769 0.12801 0.10311 0.51227
```

　これらのデータでquap関数を実行するために必要なコードは、**リスト8-1**にすべて含まれています。quap関数はヘルパー関数であり、与えられた情報をR（RStan）が認識する構文に変換します。

　たとえば、**リスト8-1**のalistの引数を見てみましょう。この場合、winningを第1引数とし、第2引数以下がwinning + losingとpになっているdbinom関数が返す二項分布を尤度、一様分布のpを事前分布として二次近似によって事後確率を計算し、事後確率が最大になるpを返します。

　少し下のdata行では、winningが4（当たりくじの枚数）、losingが9（はずれくじの枚数）だということが示されています。

　これらの定義によって得られるモデルは、lotteries変数に保存されます。最後のprecis関数は、モデルの分析結果として事後分布の平均を示す表を出力します。この事後分布の平均とは、事後分布の正規分布の確率密度が最大になるpのことです。

　この場合は0.308ですが、これは若干の誤差を含むものの、グリッドサーチで得られた0.31という値と非常に近いものになっています。

## 8.1.3　MCMCの台頭

　二次近似は、グリッドサーチの難点の完璧な解決方法ではありません。二次近似は間違いなくグリッドサーチよりもずっと高速ですが、代償もあります。この章の最初の方でも説明したように、quapなどの関数を使うには、事後分布が正規分布になるという制約の強い前提条件をクリアしなければなりません。この前提条件を要求されると、満足に処理できない問題が多数出てきます。

　そのため、統計学者たちは二次近似に代わる方法を試し始めました。データセットや実験の設計に正規分布という堅苦しい制服を着せなくても済む方法です。彼らがたどり着いた手法は、集合的にメトロポリスアルゴリズムと呼ばれていますが、事後分布としてさまざまな

ものを受け入れるという点では、二次近似よりもはるかに寛大です。ギブズサンプリングは
そのような手法の一例です。

　しかし、メトロポリスアルゴリズムは比較的遅いという欠点がありました。それでも、正
規分布以外の事後分布を扱えるというメリットは、そこそこ込み入った設計の分析を完了さ
せるために長い時間がかかるというデメリットを大きく上回るものでした。
　問題の原因は、リープフロッグとステップサイズでした。リープフロッグとは、事後分布
に含まれる2つの隣り合ったデータポイントを隔てるステップ数です。ステップサイズとは、
言うまでもなく2つの点の間の経路を構成する個々のステップの大きさです。
　リープフロッグとステップサイズの組み合わせが悪いと、隣り合った点の間で自己相関が
起きます。

　このような自己相関が起きると、分布の特定の領域で多くの点が自己相関を起こします。
すると、どこにもたどり着けないような感じになってしまいます。そうすると、事後分布の
自己相関がない部分を埋めるために無限に思えるような時間がかかるのです。
　MCMCサンプリングアルゴリズムは、このような自己相関が最小限に抑えられるような
リープフロッグとステップサイズを選ぶためにウォームアップフェーズと呼ばれるものを採
用しています。多くの場合、ウォームアップフェーズでかかった時間は、実際のサンプリン
グにかかった時間とは別に表示されます。

## 8.2 MCMC分析の例

　交互作用（用語集参照）の検討のためにulam関数を使って1個の因子ともう1個の変数
を含む状況を分析してみましょう。この章のこれからは、主として交互作用を起こす変数が
数値変数ではなく名義変数であるときの交互作用の評価方法を考えていきます。

　この章でquapではなくulamを使う理由の一部は、ulamの方がquapよりもかなり高
速だということにあります。ulamならquapのように事後分布が正規分布に制限されない
のに高速なのです。分析のなかで必要であれば、MCMCコードを実行するという選択肢を持
つようにしましょう。
　ulam関数はquap関数の基礎の上に作られているところがあるため、ulamの機能につ
いて学ばなければならないことは当然あるものの、一から学ぶということにはなりません。

　ここでは2つの病院の40人の患者のデータを使います。

● hospitalは、患者のデータを提供した病院を示す2値変数で、この分析の因子です。

● outcome（満足度）、history（治療成績）という2つの数値変数は、個々の患者に対して実施されたテストバッテリー（医療検査の組み合わせ）の因子得点です。

**NOTE**

統計学では因子（factor）という言葉に2つの大きく異なる意味を与えています。第1の意味は、名義尺度の変数です。

たとえば、「自動車」という因子には、「フォード」、「トヨタ」、「日産」といった値が含まれます。メーカーごとに車の平均燃費を比較することなどが分析の目的になります。

第2の意味は、多変量解析が多数の観測値を結合して1個または少数の変数にまとめるために使う観測できない特徴のことです。このような結合の結果も因子と呼ばれます。

因子という言葉がどちらの意味で使われているかは、一般に文脈から判断できます。ここでは両方の意味で因子という言葉を使っています。

| | A | B | C |
|---|---|---|---|
| 1 | outcome | history | hospital |
| 2 | 1.245669 | -0.22272 | 1 |
| 3 | 1.304424 | -0.31315 | 1 |
| 4 | 1.553359 | 0.083781 | 1 |
| 5 | 1.273655 | -0.19676 | 1 |
| 6 | 0.942516 | -0.10868 | 1 |
| 7 | 1.505219 | -0.34109 | 1 |
| 8 | 1.367816 | -0.32045 | 1 |
| 9 | 1.558641 | -0.08286 | 1 |
| 10 | 1.837767 | -0.28937 | 1 |
| 11 | 1.125614 | 0.183858 | 1 |
| 12 | 1.261861 | -0.39208 | 1 |
| 13 | 1.778028 | 0.05731 | 1 |
| 14 | 1.276873 | -0.09503 | 1 |
| 15 | 1.745309 | 0.16943 | 1 |
| 16 | 1.442575 | -0.17153 | 1 |
| 17 | 1.972588 | 0.156865 | 1 |
| 18 | 1.592668 | -0.34734 | 1 |
| 19 | 1.621738 | 0.411599 | 1 |
| 20 | 1.979445 | 0.170143 | 1 |
| 21 | 1.132918 | 1.083796 | 1 |
| 22 | 1.512264 | -0.11948 | 2 |
| 23 | 1.538305 | -0.05972 | 2 |

ここで知りたいのは、historyと病院の間に因果関係があるかどうかです。統計学のほとんどの教科書は交互作用を扱っていますが、因子間の交互作用というところまでで、因子と名義変数の交互作用には触れていません。しかし、MCMC，特にハミルトニアンモンテカルロ法は、この種の分析を完璧にこなします。

入力データの一部を**図8-4**に示してあります（「一部」というのは、事例を全部表示するだけのスペースがないからです）。データ全体を収めた.csvファイルは本書のサンプルファイル内にあります（f8-4.csv）。

**図8-4** 22行目からhospitalの値が1から2に変わっていることに注意してください。

知りたいのは、患者がかかっている病院によって説明変数と目的変数の間に引いた回帰直線に違いがあるかです。特に、病院1と病院2のどちらにかかっているかによって回帰直線

の回帰係数や切片に違いがあるかどうかを明らかにしようと思います。

ユーザーから見て、quap関数とulam関数の間の違いは多くありませんが、実際にある違いには重要な意味があります。

● 平均差や対数変換、標準化といった変換が必要なら、ulam関数を実行する前に行う：ulam実行後に変換をしようとすると、意識せずに簡単に作業を遅らせてしまいます。

● データフレームに格納されているデータを使いたい場合、ulamを呼び出す前にデータフレームをリストに変換する：Rのデータフレームは、列によってレコード数が異なることを認めません。列に欠損値がある場合はNAのような値で代用しますが、欠損値が含まれているのはごく普通のことです。Stanコード（明示的に要求しない限り見えませんが）は、渡されたデータにNAが含まれていると、エラーメッセージ（エラーの根本的な原因が不明瞭なものも含む）を出力して処理を中止してしまいます。そうならないようにするために、データフレームではなくリストでデータを与えることをお勧めします。Rの構文規則では、リストの一部としてNAが入ることは認められています。リストの形でデータを渡せば、NA値を含むデータフレームの問題を避けられます［訳注：同じことが漢字、かななどの文字についても言えます。これらは使わないようにしなければなりません］。

図8-4のデータには3つの列が含まれています。

● A列は特定の患者の因子得点で、満足度というラベルをつけてあります。患者が病院で受けた治療の結果にどの程度満足しているかどうかを示しています。

● B列はA列と同じ患者の因子得点で治療成績というラベルをつけてあります。患者がそれぞれの病院で受けた過去の治療を因子分析して得られた得点を示しています。

● C列は患者が病院1と病院2のどちらに通ったかを示すだけの数値で、病院というラベルが入れてあります。

この表からは、説明変数のhistoryとhospitalの間の相関関係を示しているのかどうかという疑問がわいてきます。たとえば、どちらの病院にかかったかによって、historyとoutcomeの間の回帰線の回帰係数または切片に違いはあるのでしょうか。
性別と支持政党のような2つの名義変数の間の交互作用はよく話題になりますが、名義変数と連続変数の間や2つの連続変数の間の交互作用も決してまれなわけではありません（たとえば、共変量があるときの共分散分析でよく検定されます）。これらは、2つの名義変数の間の交互作用よりも重要かもしれません。

リスト**8-2**は、ulam関数を使ってこの疑問に答える方法を示しています。
この例では、コードの長さはごくわずかです。

**リスト8-2** Rのスクリプトウィンドウに表示したulamコード。コードはダウンロードファイルの
　　　　　 Listing l8-2.rに格納されています。

```
library(rethinking)

data_in <-read.csv("f8-4.csv")
model <- ulam(
        alist(
            outcome ~ dnorm(mu, sigma),
            mu <- a[hospital] + b[hospital] * history,
            a[hospital] ~ dnorm(1, 0.1),
            b[hospital] ~ dnorm(0, 0.3),
            sigma ~ dexp(1)
            ) , data = data_in, chains=1)

precis(model, depth=2)
```

最初の行はlibraryコマンドでrethinkingライブラリーをロードしています。
このライブラリーのulam関数を呼び出すので、この行が必要です。

第2行は作業ディレクトリを変更するsetwd呼び出しで、このコードの一部としてどう
しても必要というわけではありませんが（Rウィンドウの「ファイル」メニューの「ディレ
クトリの変更」コマンドでも同じことができます）、プロジェクトを別々のディレクトリで管
理しているときにはこのコマンドで自動的に目的のディレクトリに移動できると便利です。

次に、コードは**図8-4**のCSVファイルを読み込みます。デフォルトでは、この関数は読み
込んだデータをRデータフレームに格納しますが、それが問題になることがあります（対処
方法はすぐあとで説明します）。

第3行からはモデルを定義しています。モデルはulam関数で生成され、modelという名前
にしてあります。alist関数は、quapでも使ったリスト作成関数です。このコードでは、ulam
を介してRStanに次のような情報を渡します。

- outcome ~ dnorm(mu, sigma)：outcomeは平均がmu、標準偏差がsigmaの
  正規分布に従う確率変数です。

- mu <- a[hospital] + b[hospital] * history：muはaが切片、bが historyの回帰係数の回帰式の結果です。hospitalの値はどちらの病院を選んだ かによって変わります。

- a[hospital] ~ dnorm(1, 0.1),：aは各病院の切片で、平均が1、標準偏差が 0.1の正規分布に従う確率変数です。

- b[hospital] ~ dnorm(0, 0.3)：bは各病院の回帰係数で、平均が0、標準偏 差が0.3の正規分布に従う確率変数です。

- sigma ~ dexp(1)：sigmaは平均が1の指数分布に従う確率変数です。

alistの引数リストを見れば、プログラム作成者は母数の分布のタイプとその分布の母 数を指定しなければならないことがわかります。outcome、sigma、a、bの定義では、そ のような指定が求められる～が使われています。

最後に、precis関数は2つの回帰式の切片と回帰係数（mean列）と標準誤差（sd列） を表示します（**図8-5**参照）。

| | A | B | C | D | E | F | G |
|---|---|---|---|---|---|---|---|
| 1 | | mean | sd | 5.50% | 94.50% | rhat | ess_bulk |
| 2 | a[1] | 1.28 | 0.07 | 1.18 | 1.40 | 1 | 332.16 |
| 3 | a[2] | 1.25 | 0.07 | 1.14 | 1.36 | 1 | 397.19 |
| 4 | b[1] | -0.02 | 0.19 | -0.32 | 0.26 | 1 | 529.67 |
| 5 | b[2] | 0.15 | 0.18 | -0.13 | 0.43 | 1 | 569.37 |
| 6 | sigma | 0.37 | 0.05 | 0.30 | 0.46 | 1 | 348.12 |

**図8-5** rhatとess_bulkは、与えられたモデルとデータのもとでサンプリングがどの程度うま くいったかを示しています。

## 8.2.1 ulamの出力

先ほどのulam呼び出しを含むコードを実行すると、予想よりRがrethinkingライブ ラリーを処理するために時間がかかったという感想を持つでしょう。私のマルチコアHP ラップトップでは、libraryコマンド実行後先に進むまで少し待たされましたが、待ち時 間は許容範囲でした。

ulam関数までは非常に高速に進みましたが、ulam関数では30秒ほどかかりました。ま あ、我慢できないことはありません。

　ulamの出力は、思っていたよりも長いかもしれません。最初にかなりの量の診断情報が表示され、precis関数のサマリー情報にたどり着くまでかなり時間がかかります。**図8-6**は、Rのコンソールへの出力の最初の方を示しています。

```
Compiling Stan program...
In file included from stan/lib/stan_math/stan/math/prim/prob/von_mises_lccdf.hpp:5,
                 from stan/lib/stan_math/stan/math/prim/prob/von_mises_ccdf_log.hpp:4,
                 from stan/lib/stan_math/stan/math/prim/prob.hpp:356,
                 from stan/lib/stan_math/stan/math/prim.hpp:16,
                 from stan/lib/stan_math/stan/math/rev.hpp:14,
                 from stan/lib/stan_math/stan/math.hpp:19,
                 from stan/src/stan/model/model_header.hpp:4,
                 from C:/Users/nyagao/AppData/Local/Temp/RtmpWU5sEi/model-55c6316f9b.hpp:2:
stan/lib/stan_math/stan/math/prim/prob/von_mises_cdf.hpp: In function 'stan::return_type_t<T_x, T_sigma, T_l> stan::math::von_mises_cdf(const T_x4, const T_mu4, const T_k4)':
stan/lib/stan_math/stan/math/prim/prob/von_mises_cdf.hpp:194: note: '-Wmisleading-indentation' is disabled from this point onwards, since column-tracking was disabled due to the size of the code/headers
 194 |         if (cdf_n < 0.0)
     |

stan/lib/stan_math/stan/math/prim/prob/von_mises_cdf.hpp:194: note: adding '-flarge-source-files' will allow for more column-tracking support, at the expense of compilation time and memory

Running MCMC with 1 chain, with 1 thread(s) per chain...

Chain 1 Iteration:    1 / 1000 [  0%]  (Warmup)
Chain 1 Iteration:  100 / 1000 [ 10%]  (Warmup)
Chain 1 Iteration:  200 / 1000 [ 20%]  (Warmup)
Chain 1 Iteration:  300 / 1000 [ 30%]  (Warmup)
Chain 1 Iteration:  400 / 1000 [ 40%]  (Warmup)
Chain 1 Iteration:  500 / 1000 [ 50%]  (Warmup)
Chain 1 Iteration:  501 / 1000 [ 50%]  (Sampling)
Chain 1 Iteration:  600 / 1000 [ 60%]  (Sampling)
Chain 1 Iteration:  700 / 1000 [ 70%]  (Sampling)
Chain 1 Iteration:  800 / 1000 [ 80%]  (Sampling)
Chain 1 Iteration:  900 / 1000 [ 90%]  (Sampling)
Chain 1 Iteration: 1000 / 1000 [100%]  (Sampling)
Chain 1 finished in 0.1 seconds.
```

**図8-6**　ウォームアップフェーズとは、Stanコードがステップサイズとリープフロッグ数を最適化してサンプリングプランを設計するために使っている時間のこと

　ここでもう1度**図8-5**を見ましょう。この表は、私たちがここまで取り上げてきた調査についてHMC（MCMCと言ってもかまいませんが）から得られた分析結果を示しています（出力はプログラムを実行するたびに微妙に変化します）。

　今までの章で説明してきたように、precis関数はサンプリングによって判明したモデルの各変数の値のなかでもっとも確率の高いものを返します。この例では、precisは、回帰係数や切片の事後分布のなかでもっとも確率の高い値を見つけ出して表に出力しています（mean列）。また、この例では、precisはそれぞれの回帰係数、切片の標準誤差も返しています（sd列）。

## 8.2.2 ● 結果の検証

　ulamが返した結果と線形回帰用に作られた関数が返した結果を比較すれば、ベイジアンの手法から得られる結果と頻度論の手法から得られる結果がどの程度一致するかを知る手がかりになります。

　さらに、頻度論分析の結果（**図8-7**）とulamの結果を比較できます。この分析は、ワークブックの**Sheet1**に**図8-4**の表をコピーし、A2:A21に**目的1**、B2:C21に**説明1**、A22:A41に**目的2**、B22:C41に**説明2**という名前を定義した上で、**Sheet2**のA1セルとA7セルにそれぞれ次の式を入力して得たものです。

201

```
=LINEST(目的1, 説明1,,TRUE)
=LINEST(目的2, 説明2,,TRUE)
```

| | A | B | C |
|---|---|---|---|
| 1 | 0 | 0.017912 | 1.47644 |
| 2 | 0 | 0.201988 | 0.068364 |
| 3 | 0.007575 | 0.304669 | #N/A |
| 4 | 0.064882 | 17 | #N/A |
| 5 | 0.012045 | 1.577997 | #N/A |
| 6 | | | |
| 7 | 0 | 0.187936 | 1.420097 |
| 8 | 0 | 0.192957 | 0.078735 |
| 9 | 0.057506 | 0.351271 | #N/A |
| 10 | 0.518629 | 17 | #N/A |
| 11 | 0.127988 | 2.09765 | #N/A |

図8-7　図8-4のデータに対するLINESTの分析

目をつけるべきポイントは次の通りです。

LINEST関数では2つの病院のデータをまとめて処理できないので、病院ごとにLINEST関数を実行する必要があります。2つのLINEST関数呼び出しの結果が図8-7のA1:C5（病院1）とA7:C11（病院2）に表示されています。回帰分析を実行して各病院の回帰係数と切片が得られる方法であれば、LINEST以外の方法を使ってもかまいません。

LINESTの解析結果はulamの結果のprecis出力と非常に近いものになっています。たとえば、図8-5のB4セルと図8-7のB1セルに注目しましょう。これはulamが計算した病院1の回帰係数（図8-5のB4）とLINESTが計算した同じ回帰係数（図8-7のB1）を比較したことになります。同様に、図8-5のC4セルと図8-7のB2セルを比較すると、ulamが計算した病院1の回帰係数の標準誤差とLINESTが計算した同じ標準誤差を比較したことになります。

どちらの場合も、2つの数値は非常に近くなっています。小さな差異は、サンプル数が20個ずつという非常に少ない数による算術演算と微積分の違いということで容易に説明できます。

図8-5と図8-7の比較では、その他に次のセルにも注目してください。

● 図8-5のB2セルと図8-7のC1セル、図8-5のC2セルと図8-7のC2セル（病院1の切片と標準誤差）

- 図**8-5**のB5セルと図**8-7**のB7セル、図**8-5**のC5セルと図**8-7**のB8セル（病院2の回帰係数と標準誤差）
- 図**8-5**のB3セルと図**8-7**のC7セル、図**8-5**のC3セルと図**8-7**のC8セル（病院2の切片と標準誤差）

ベイジアンと頻度論という2つの大きく異なる考え方による大きく異なる方法で分析をしても、分析結果はかなり近くなるということがここでも確かめられます。

### 8.2.3 トレースプロット図の表示

マルコフ連鎖の問題の診断方法としてはよく使われるものが複数ありますが、特に役に立つものの1つとしてトレースプロット図があります（**図8-8**参照）。トレースプロット図は、次の1個の関数を呼び出すだけで表示できます。

```
traceplot(model_name)
```

ただし、*model_name*はulamの実行結果を代入したモデルの名前です（先ほどの例なら、model）。

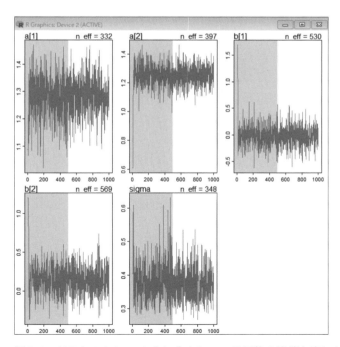

**図8-8** リスト**8-2**のmodelに含まれている母数の連鎖を表したグラフ

　個々のトレースプロット図は、母数ごとに抽出された標本をプロットしています。これら
はどれも十分よい感じのプロットです。左から右に向かって、線が標本全体の平均の上下で
ほぼ同じ面積を塗りつぶしていることがわかります。これらの線は縦方向の反対の極端に途
中で止まらずにぐいと上下していますが、すぐに反対に向かって大きく動き、全体として平
均がどのあたりにあるかを示しています。

　トレースプロット図がこれとは大きく異なるようなら、ulamからもっとよい標本を得る
ためにできることがあるはずです。特に、尤度データが十分にない場合は、事前分布の改善
から手をつけるとよいでしょう。事前分布を情報量の少ない値に変えることを検討してみて
ください。

## 8.3　最後にひとこと

　前章までに取り上げたグリッドサーチ、二次近似という2つの方法以外にulam関数も使
えることを頭に入れておいてください。これら2つの方法には、MCMCサンプリングにはな
い欠点があります。にもかかわらずこれら2つのアプローチの説明には時間をかけましたが、
それは概念的にquapはグリッドサーチ、MCMCはquapの上に構築されているからです。

　何よりも大切なことは何でしょうか。そのつもりになれば、事後分布の形など、本書の
データの分布上の特徴に関する説明は読み飛ばしても最後まで読み通せます。入念に作られ
たRコードの説明に直接進んで、たとえば共役事前分布について学ぶのを省略してもここま
では来られます。
　しかし、そうするとMCMCが動作する仕組みはわからないままになるでしょう。そして、
動作の仕組みが分からなければ、うまくいかないときの修正方法もわからなくなります。

　遡って本書の「はじめに」に戻りましょう。本を読むときには著者のことを知ることが大
切だ、本の主題が激しい論争にさらされている場合には特にそうだと私は言いました。統計
解析の問題に対して2つの大きく異なるアプローチがある相対的なメリットは、統計学者た
ちがそのことについて議論を始めるとかならず論争になることぐらいです。

　本書の流れから言って、私が学び、経験してきたのは頻度論統計学だということをただ
言ってもほとんど無意味です。頻度論とベイジアンの2つのアプローチを公平に扱うために
ベストを尽くすということを約束したとしても、自分にとって意味があるだけで、読者のみ
なさんには無意味でしょう。そこで、別の方向からアプローチしてみたいと思います。

　私の大学院時代の指導教官、ジーン・グラスはアメリカでもっとも有名な統計学者のひとりでした。彼は20世紀後半の頻度論統計学のもっとも重要な進歩の多くに貢献してきました。

　たとえば、メタアナリシスを取り上げてみましょう。

　基本テクニックは、複数の集団の平均を平均差に言い換えるために、結果指標を標準偏差で割るというものです。得られた値を効果量と言います。同じ原因についての多数の実証研究の間で効果量の平均を取れば、その原因の効果を推定できます。

　1970年代以前にもこの基本テクニックはあり、散発的に使われていました。実際、あるアナリストはメタアナリシスを「研究についての研究」と呼んでいました。

　私は今でもほかの数人の学生とともにジーンのセミナーに出席していた頃のことを覚えています。私たちは、ジーンが正式なメタアナリシスの概要をスケッチしていくのを見聞きしてきました。メタアナリシスの概念、手法、用語（「効果量」や「メタアナリシス」自体）といったものです。

　ジーンは、「有意差なし」を示した一次研究を省いてはいけない理由を説明していました。

　ジーンの最初のメタアナリシスの著書として、さまざまなタイプの心理療法の効果について論じた本が出版されたのは、それからわずか1年ほどあとのことでした。そのあとも、学級規模が生徒の成績に与える影響についての本、時系列分析についての本が続きました。

　1970年代のジーン以上に徹底的な頻度論者は見つからないでしょう。その後、1978年にジーンはリー・クロンバック、ロバート・ステイク、アーネスト・ハウスといった俊英らとともにある会議に出席しました（ジーンはこのときのことを *Ghosts and Reminiscences:My Last Day on Earth as a Quantoid* という短い文章にまとめています。この文章はインターネットのさまざまな箇所で読めます）。

　ジーンは次のように書いています。

　質問を求められたとき、私はボブ（ロバート）の興味深い考えと自分との境界線をはっきりさせたいと思い、次のように尋ねた。「ボブ、はっきりさせておきたいということでお聞きしますが、指導計画の有効性についてもっとも信頼できる知識を生み出せると信頼できる人は、実験重視の人とその指導計画を熟知している人のどちらですか」

　ボブは指導計画を熟知している人を選び、ジーンを驚かせました。

　私は、二重盲検法で無作為化され、制御された実験以外の手段では原因はわからない（発見、検証できない）と主張した。アーニー（アーネスト）とボブは、私が言ったような実験としてありえない事象を生み出せたとしても、特定の現場で望ましい結果を生み出せた原因

205

*は理解できないと言った。*

しかし、ボブとアーニーは自分たちの考えが正しいことをジーンに納得させることができました。

*彼ら（ボブとアーニー）は、実験者は訓練されておらず、何が効果を生み、それをどうやって引き起こすかという感覚を他者に伝えるつながりのなかで重要な役割を果たせないと見ていたのだ。*

ここで私、カールバーグの話に戻ります。

私はどうにかして私が持っている頻度論の引き出しを補うためにベイジアンのテクニックを身に付けなければならないと思いました。伝統的な頻度論的な統計学理論には穴が多すぎて、ベイジアンのアプローチを無頓着に受け流していました。ジーンは実証研究の価値に対する評価を完全にひっくり返してみせました。私だって、いくつかの統計関数に対する評価をひっくり返してみせることができます。いや、誰もがそうする力を持っているのではないでしょうか。

# RStan と rethinking パッケージの Windows プラットフォームへのインストール方法

こんな説明は書きたくありませんでしたし、みなさんもこんなものを読まされたくはなかったでしょう。しかし、さまざまな問題（特にタイミング）のために、この付録が必要になってしまいました。

本書の多くの部分が rethinking パッケージの関数に依存しています。このパッケージの関数は、グリッドサーチ、二次近似、MCMC というベイズ統計学の3種類の基本分析を実行するために役立ちます。

私の考えは、rethinking パッケージの関数の使い方を学ぶことによって、RStan に組み込まれているより複雑な機能を使いこなすための基礎を固めていただきたいということです（RStan は R と Stan コード自体のインターフェイスを提供する C++ で書かれたコードです）。

本書を少しでも本格的に活用したいなら、最初に意識しておいていただきたい注意点がいくつかあります。

- 本書［訳注：原書のこと］の出版時点では、本書のコードは Mac では動作しません。R 自体には Mac で動作するバージョンがありますが、そのバージョンは rethinking パッケージのコードを使うようには作られていません。

- Windows コンピューターのパス記述ルールは特殊なものです。特に、Windows では大文字と小文字の違いを区別しませんが、R は Variable1 と variable1 を区別すること、ファイルパスのディレクトリ名の区切り子が Windows では \ ですが R では / だということに注意してください。

- RStan と rethinking パッケージのインストールは難しくありませんが、ちょっと時間がかかります。幸い、一度インストールすれば再インストールする必要はありません（再インストールしなければならないようなバージョンの R が出てこない限り）。本書出版時点では、ここで推奨する方法でインストールできます。

CRAN プロジェクトサイト（日本の場合、`https://cran.ism.ac.jp/` など）から最新バージョンの R for Windows をインストールしてください。

このサイトで「Download R for Windows」をクリックし、新しいページで「base」をクリックすると、最新バージョンのダウンロードページに進めます。古いバージョンが必要ならこのページの「Previous releases」をクリックしてください。インストールしたら、次の手順に従います。

1. R を起動してください。RGui（R のコンソール）がオープンされます（ちなみに、本書は RGui を前提としており、RStudio がなくてもコードを試せるようになっています）。

2. 「ファイル」メニューから「新しいスクリプト」を選ぶとスクリプトウィンドウが開きます。ダウンロードファイルを入手しているなら、a-1.r にこの内容が格納されていますので、「ファイル」メニューの「スクリプトを開く」を選び、a-1.r を開くと、スクリプトウィンドウに a-1.r の内容が表示されます。

3. 「新しいスクリプト」を選んだ場合には、開いたスクリプトウィンドウに次のコードを入力してください（電子本なら、単純にコピペできます）。なお、# で始まる行はコメントなので、入力する必要はありません。

```r
# CRANからrstanをインストールします
install.packages('rstan')

# Stanリポジトリからcmdstanrをインストールします
install.packages("cmdstanr", repos = c("https://mc-stan.org/r-packages/",
getOption("repos")))

# https://cran.r-project.org/bin/windows/Rtools/に行き、
# Rのバージョンに合ったRtoolsをインストール、セットアップしてください
# これには少し時間がかかります
cmdstanr::check_cmdstan_toolchain(fix = TRUE)

# 次にicmdstanrをインストールしてください
# これも少し時間がかかります。
cmdstanr::install_cmdstan(cores=2)

# rethinkingのために必要なパッケージをCRANからインストールしてください
install.packages(c("coda","mvtnorm","devtools","loo","dagitty","shape"))

# GitHubからrethinkingをインストールしてください
devtools::install_github("rmcelreath/rethinking")
```

4. スクリプトウィンドウがアクティブな状態で「編集」メニューから「全て実行」を選びます（スクリプトウィンドウ以外のウィンドウがアクティブな状態では、「編集」メニューを選んでも「全て実行」コマンドが表示されません）。Rからのメッセージがコンソールに出力されます。

インストールコードの実行が完了したら、rethinkingパッケージを使えるようになっているはずです。

# 用語集

## ●alist

Rで一種のプレースホルダーの役割を果たすリスト。alistの要素はかならずしもすぐに評価されず、優先度の高いリスト内の別の要素が評価されるまで評価を先延ばしにできます。

## ●BETA.DIST

事象が連続変数の形で分布しているときに、成功率（分位数）と分布の母数である事象の成功数+1、失敗数+1を引数として引数の成功率の確率密度か成功率0から引数の成功率までの累積確率を返すExcel関数。BETA.INVの逆です。

## ●BETA.INV

事象が連続変数の形で分布しているときに、成功率0から未知の成功率までの累積確率と分布の母数である事象の成功数+1、失敗数+1を引数として引数の累積確率に対応する成功率を返すExcel関数。BETA.DISTの逆です。

## ●BINOM.DIST

事象が離散変数の形で分布しているときに、成功数（分位数）と分布の母数である試行回数、成功率を引数として引数の回数だけ成功する確率か成功0回から引数の成功数までの累積確率を返すExcel関数。後者の場合、BINOM.INVの逆です。

## ●BINOM.INV

事象が離散変数の形で分布しているときに、累積確率と分布の母数である試行回数、成功率を引数として引数の累積確率に対応する成功数を返すExcel関数。BINOM.DISTの逆です。

## ●COMBIN

大きな集合から数個の要素を取り出すときの組合せの数を返すExcel関数。13枚のクラブのカードから5枚のカードを抜き出すときの組み合わせが何種類あるのかを知りたいときには、=COMBIN(13, 5)を使えばよいということです。組み合わせの数はよく $_nC_r$ と表記されます。

### ● complete.cases

データフレームの変数全体から欠損値のないものだけを返すR関数。

### ● dbeta

特定の成功率（分位数）とベータ分布の母数のshape1とshape2（多くの場合、それぞれ成功+1、失敗+1と解釈されます）を引数として引数の成功率の確率密度を返すR関数。

### ● dexp

指数分布内の確率変数の確率密度を返すR関数。

### ● dnorm

正規分布内の確率変数の確率密度を返すR関数。

### ● F比（F ratio）

ある分散と別の分散の比。共分散分析でよく使われます。共分散分析では、F値が非常に大きければ、集団平均の差に信頼性がある証拠となります。

### ● library関数（library function）

Rでは、特定の定量分析目標を達成するための関数群はパッケージにまとめられてシステムにインストールされています。library関数はそのような関数パッケージを利用できるようにせよとRに指示します。

### ● LINEST

最小二乗法を実行するExcel関数

### ● lm

最小二乗法を実行するR関数

### ● $_nC_r$

個のものから同時にr個のものを取り出す組み合わせの数を返す関数の略記法。

### ● NORM.S.INV

分位数を引数として標準正規曲線の分位数を返すExcel関数。

### ● pbeta

特定の成功率（分位数）とベータ分布の母数のshape1とshape2（多くの場合、それぞれ

成功+1、失敗+1と解釈されます）を引数として引数の成功率までの累積確率を返すR関数。

## ●pbinom

成功数か成功数のベクトル、試行回数、個々の事象の成功率を引数として、二項分布から累積確率を返すR関数。

## ●PI関数（PI function）

事後分布から取った標本を使ってパーセンタイル区間を計算する関数。

## ●precis

統計量のサマリーテーブル、標準偏差、指定されたモデルの母数間の相関を返すrethinkingパッケージの関数。quap、ulam関数が生成した値が多数使われています。

## ●P値ハッキング（p-hacking）

発見の統計学的有意性を人工的に引き上げるために、特定のデータ分析技法や利用可能データの特定のサブセットをわざと選ぶ怪しげな行為。

## ●qbinom

累積確率の値かベクトルと二項分布の母数である試行回数と成功率を引数として、分位数の値かベクトルを返すR関数。引数により、上側確率と下側確率のどちらを返すかを指定できます。

## ●quap

引数に基づいて事後分布を返すrethinkingパッケージの関数。

## ●$R^2$

予測値と実際の観測値の間の誤差の二乗の総和を最小にするような目的変数と説明変数の最良の関係を計算する手法。

## ●rbinom

二項分布から無作為な値を返すR関数。

## ●rep

関数指定した値を指定した個数返すR関数。

### ● rethinking パッケージ

PCにインストールして実行できるR関数のコレクション。含まれる関数は、分析者が関心を持っている変数の分布、関係上の特性について持っている知識とStanプログラミング言語が定義、認識する関数構文の間の隙間を埋めるために作られたものです。そのため、これらの関数は「ヘルパー」関数、「ラッパー」関数と考えることができます。リチャード・マケレス（Richard McElreath）が設計、開発したパッケージです。

### ● sample

確率グリッドなどのベクトルから無作為に標本を返すR関数。

### ● seq 関数

先頭の値、末尾の値、生成する値の数を引数として、等間隔で並んだ数列を生成するR関数。

### ● setwd 関数

Rがデータファイルを読み、出力を書くときに使う作業ディレクトリを指定するR関数。

### ● str

データフレームなどのRオブジェクトに含まれる個々の変数についての構造情報を示します。

### ● tibble

標準のまとめ情報表示よりも視覚的に魅力的で情報量の多い表に結果のまとめ情報を整形し直すRユーティリティ。

### ● t検定（t-test）

2個の平均値の間に差があるかどうかを判定するために使われることが多い（かならずそうというわけではないものの）統計学的検定。一般にt検定は2個の平均の差のような統計量を同じ統計量の標準誤差で割って求めます。個々の事例の間のばらつきと比べて集団平均のばらつきの方があり得ないぐらいに大きければ、分析者は集団平均の間の差には信頼性があると結論づけます。t検定は、回帰係数と0の差の検定としても使われることがあります。

### ● ulam

rethinkingパッケージに含まれているヘルパー関数で、RStanがモデルを生成し、そのモデルから標本を抽出するために必要な情報を提供します。名前の由来となったスタニスワフ・ウラムは、MCMCモデルの開発に大きく貢献した旧オーストリア帝国出身のアメリカの数学

者です。

## ●zスコア（z-score）

観測値から観測値全体の平均を引き、観測値の標準偏差で割った値で、標準スコアとも呼ばれます。zスコアを見れば、与えられた観測値が平均よりも上か下か、平均から標準偏差何個分離れているかがすぐにわかります。

## ●一様事前分布（uniform prior）

すべての分位数の値が等しい事前分布。

## ●一様（矩形）分布（uniform (rectangular) distribution）

すべての分位数の値が同じになっている分布。この性質のおかげで、母数のばらつきの指定ではとても役に立ちます。標準偏差はどの分位数でも一定になります。

## ●因子（factor）

（1）メンバーに属するかどうかによって事例を分割するために使われ、一般に名義尺度で計測される変数。たとえば、自動車の製造元などが挙げられます。その値としてはフォード、トヨタ、BMWなどが考えられます。自動車メーカー因子の値は、平均MPG（mile per gallon、燃費の単位）の比較などで使われます。

（2）因子分析などの統計処理で使われる観測変数から合成された非観測変数。

## ●インデックス変数（index variable）

ダミー変数の一種

## ●ウォームアップ（warmup）

事後確率をもっとも効率よくカバーするために必要なステップサイズを決めるサンプラーの作業の初期段階。

## ●回帰（regression）

説明変数と目的変数の間の相関に強く依存する統計解析の1つです。回帰は一般線形モデルの標準手法で、t検定や分散分析など、その他のよく知られた分析タイプの代わりに使えます。

## ●回帰係数（regression coefficient）

回帰式の説明変数の係数で、観測値と予測値の間の誤差の二乗の総和を最小化します。

● **階乗（factorial）**

　連続する整数の積。たとえば、3の階乗は、3×2×1になります。階乗演算は!記号で表されます。たとえば3の階乗は、3!と書くことができます。

● **ガウス曲線（Gaussian）**

　正規曲線のこと。正規曲線の理論に貢献したカール・ガウス（Carl Gauss）にちなんだ名前です。

● **ガウス分布（Gaussian distribution）**

　正規分布を参照してください。

● **確率質量（mass）**

　離散分布に含まれる確率変数の発生確率。確率と言えば済むことなので、確率質量関数という言葉以外ではあまり使われない。対照語は確率密度。

● **確率質量関数（probability mass function、PMF）**

　離散分布に含まれる確率変数の確率を計算する関数

● **確率密度（density）**

　連続分布に含まれる確率変数が発生する相対頻度を表す数値。確率は分布曲線内の面積で表されますが、確率変数は点であり確率変数に対応する確率密度は線分であって面積がないので確率密度は確率ではありません。対照語は確率質量。

● **確率密度関数（probability density function、PDF）**

　連続分布に含まれる確率変数の確率密度を計算する関数。

● **傾き（slope）**

　回帰直線の勾配。回帰直線のx軸上の位置を1単位移動したときにy軸上の位置がどれだけ変わるかの度合いです。重回帰を話題にするときには、傾きというよりも説明変数の係数と言った方がおそらく正確でしょう。

● **ガンマ(Γ)関数（Gamma function）**

　通常は整数だけで使われる階乗を複素数に拡張する関数。

● **帰無仮説（null hypothesis）**

　最初の時点で標本の選択と複数の集団への振り分けを無作為に実施していれば、標本誤差

などの設計上の瑕疵がない限り、治療（処置）による差異はないとする仮説。

## ●逆行列（inverse of matrix）

　行列代数で行列Aを行列Bと前置または後置乗算して得られた行列の主対角線上の要素がすべて1でその他の要素がすべて0になるとき、行列Aと行列Bは互いに逆行列になっています。

## ●共通部分演算子（implicit intersection operator）

　重なり合っていない2つのワークシート範囲で同じ相対位置を参照するために使われるExcelの@演算子。たとえば、A5:A15の範囲にQuantilesという名前をつけ、B5:B15の範囲で@Quantilesを使うと、B5セルの@QuantilesはA5セルを参照しますが、B6セルの@Quantilesは下に1つ進んでA6セルを参照します。A5:F5の範囲にQuantilesという名前をつけ、A6:F6の範囲で@Quantilesを使うと、A6セルの@QuantilesはA5セルを参照しますが、B6セルの@Quantilesは右に1つ進んでB5セルを参照します。2018年にExcelの数式の文法が変更され、動的配列数式などが導入されたときに追加された演算子です（変更前は@なしで同じ意味になりましたが、変更後は@なしだと動的配列を参照していることになります。最初の例で、B5セルでQuantilesを参照すると、B6:B15で何も式や値を入力しなくても、A6:A15の値でB5セルの式を評価した結果がB6:B15の範囲に表示されます。この場合、B6:B15に別の数式や値を入力すると(@Quantilesを使った式であっても)「#スピル！」というエラーになります。なお、Microsoftのヘルプページでは「暗黙的な交差演算子」という訳語が使われています）。

## ●共分散分析（Analysis of Covariance、ANCOVA）

　分散分析（ANOVA）と似ていますが、ANCOVAは共変量と呼ばれる数値変数を組み込んでいます。群平均の差を検定する前に、共変量と目的変数の相関を使って目的変数の値を調整します。

## ●行列式（determinant）

　正方行列に対して定義される量。これを使うと、逆行列を求めたり、連立一次方程式を解いたりできるようになります。

## ●行列代数（matrix algebra）

　単純な算術操作が個別の数字を操作するのと同じように行列を操作できるようにするツールを集めたもの。行列代数のなかでよく使われる操作は、行列の乗算、逆行列の算出、行列の天地、行列式の計算などです。

### ●計画的直交対比（planned orthogonal contrasts）

係数が互いに相関しないようにデータ収集に先立って可変係数を規定することを特徴とする多重比較技法。他の方法よりも統計学的パワーがありますが、特に強力だとまでは言えません。

### ●交互作用（interaction）

分散分析では、一般に複数の因子を同時に評価します。年収を評価するときには、分析者は男性と女性の平均収入を計算するとともに、共和党員と民主党員の平均収入も計算します。すると、性別が収入に与える効果と支持政党が収入に与える効果を評価できますが、女性民主党員、女性共和党員、男性民主党員、男性共和党員という交互作用効果も評価できます。しかし、交互作用は2つの因子だけには限られません。特にベイズ統計学では、連続変数間の交互作用は説得力があり役に立ちます。

### ●固定因子（fixed factor）

実験者が関心を持つ因子水準か実際に存在する因子水準しかない因子。固定因子か変量因子かは、分散分析などの手法を実施するときに意味を持ちます。対照語は変量因子です。

### ●コンパイル時エラー（compile time error）

コード自体の誤りによって起きるソフトウェアエラー。たとえば、一部の言語では宣言する前に変数名を使うとエラーになります。

### ●最小二乗法（least squares regression）

目的変数と1個以上の説明変数の関係を定量化するために説明変数と目的変数の間の誤差を2乗した値の総和を計算し、この値が最小になるようにすることを目標とする手法。

### ●シェッフェ（Scheffé）

ポストホック比較や2集団の平均とほかの3集団の平均の比較などの複雑な比較を実行できる多重比較法。多重比較法のなかでもっとも保守的。

### ●自己相関（autocorrelation）

たとえば、第2の値が第1の値と対になり、第3の値が第2の値と対になり、第4の値が第3の値と対になっているというような相関のタイプ。自己相関はさまざまなタイプの統計解析で重要な役割を果たしていますが、時系列解析では特に役に立ちます。

## ●事後分布（posterior distribution）

事前分布と尤度分布を結合した結果としてRが返す値の分布。

## ●指数平滑化法（exponential smoothing）

主として時系列データの分析によって新しい値を予測するときに使われる技法。新しい値は、時系列内の値と同じ時系列内のそれまでのすべてのデータの関係によって予測されます。古い値の影響力は、古さの度合いによって指数的に小さくされます。

## ●事前分布（prior）

ベイズ分析では、個々の母数の値の初期推定確率を用意しなければなりません。これらの推定値を事前確率、事前分布と呼びます。

## ●重回帰（multiple regression）

複数の説明変数と1つの従属変数を使う線形回帰。

## ●自由度（degrees of freedom）

集合の特性を変更せずに自由に変えられる集合内の値の数。たとえば、1から5までの間の5個の数値を要素とする集合では、集合の最大値、最小値の制約や平均を変更することなく、4個の数値を変更できます。もちろん平均を維持するために5個目の値も変更しなければなりませんが、その値は1個目から4個目の値と平均値の制約を受けるため、自由に変更できません。自由度の概念は統計的推定の隅々に浸透しており、基本的な推定の概念のなかでも特に難しい概念の1つです。

## ●信頼区間（confidence interval）

指定された割合の事例が含まれる数値変数値の範囲。区間の幅は分析者が決められます。たとえば、上の血圧値の95%信頼区間が110から140であるのに対し、90%信頼区間が120から130までというようになります。

## ●推定の標準誤差（standard error of estimate）

観測値と回帰式から予測される値との間の差の標準偏差。

## ●スコープ（scope）

Excelでは、名前はワークシート上の1個のセルまたはセル範囲を参照できます。名前は、特定のワークシートに所属するものかワークブック全体に所属するものかを定義できます。これが名前のスコープです。VBAでは、変数はモジュールレベルかプロシージャレベルで定義できます。変数のスコープは、変数が宣言された場所によって決まります。

### ●正規分布（normal distribution）

いわゆるベル型曲線。代表値の単一測定値（平均）とばらつきの単一測定値（標準偏差または分散）によって定義されます。複数のほかの分布の平均値など、さまざまな種類の変数が正規分布を示します。

### ●絶対アドレス（absolute address）

Excelの式で行番号や列文字の前に $ をつけると、参照先がその行や列に固定されます。たとえば、$C$5 は絶対アドレスであり、式のなかでこれを使うと、式を別の行や列にコピーしても参照先はC列5行のまま変わりません。それに対し、C5 は相対アドレス、$C5 と C$5 は絶対アドレスと相対アドレスの併用です。

### ●切片（intercept）

定数（constant）とも呼ばれます。回帰直線がグラフのy軸と交差する点のことで、ここでは回帰係数と説明変数の積が0になります。

### ●切片の標準誤差（standard error of intercept）

回帰式の切片、すなわち定数部分の標準誤差。報告された切片と0の距離を評価するために役立ちます。

### ●説明変数（predictor variable）

回帰式に含まれ、目的変数（outcome variable）との間に定量的な関係のある変数。回帰式の正確性を左右します。予測変数、独立変数とも呼ばれます。目的変数は結果変数、従属変数、応答変数などとも呼ばれます。

### ●相関（correlation）

2個の変数の間の関係を表す式。通常は、ある変数の観測値に結びつけたい別の変数の観測値を取ります。

### ●相関係数（correlation coefficient）

変数間の関係の向きと強度を表す数値。-1（強い反対方向の関係）から+1（強い同方向の関係）までの幅があります。

### ●相対アドレス（relative address）

Excelワークシートでセルの位置を指定するための方法の1つ。あるセルをワークシートの別のセルにコピペしたとき、相対アドレスで指定されたセルは、新しいセルの位置に基づいて行、列、またはその両方が調整されます。

### ●ソルバー（Solver）

目標値を最小値、最大値、指定値から選択し、制約条件を設定すると解が得られるExcelのVBAユーティリティ。Excelのゴールシークツールと似たものですが、もっと複雑です。

### ●第一種過誤（Type I error）

実際には処置に効果がなかったのにあったと分析者が結論づける誤り。偽陽性。

### ●対数（log）

基数を累乗して特定の数値にしたときのべき指数の値。

### ●第二種過誤（Type II error）

実際には処置に効果があったのになかったと分析者が結論づける誤り。偽陰性。

### ●多重共線性（multicollinearity）

回帰式のなかで複数の説明変数が完全に、または非常に密接に相関していること。伝統的な行列代数の技法を使うと、この条件のもとでは$R2$が負数になるなど、回帰の結果が奇妙なものになります。

### ●多重比較（multiple comparisons）

通常分散分析（ANOVA）を実行したあとに使われ、ANOVAの集団平均でほかのものと顕著に異なるものを見つけ出すために作られた技法群。

### ●ダミーコーディング（dummy coding）

集団のメンバーに1、そうでないものに0を与えて集団のメンバーかどうかを識別する手法。重回帰分析における回帰係数の便利な解釈方法を作り出します。

### ●中心極限定理（Central Limit Theorem）

標本を採取した母集団の分布がどのようなものであれ、多数の標本の平均（期待値）が正規分布（ガウス分布）を形成すること。

### ●強い事前分布（strong prior）

多数の事例に基づいており、尤度を加えても事後分布が事前分布と大差のないものになりそうな事前分布。

### ●データ（ステップとしての、data as a step）

同じタイプの事前分布と組み合わせることを意図して獲得した数量情報。尤度（likelihood）

とも呼ばれます。

## ●データフレーム（data frame）

Excelの表とよく似たRの2次元データ構造。さまざまなルール（たとえば、各列は同じ数のデータ項目を持たなければならないなど）に制約されています。

## ●動的配列数式（dynamic array formula）

2018年9月に導入されたExcelの配列数式のタイプ。ユーザーに代わって数式が使うセル範囲を確保してその範囲に数式の結果を表示します。通常の数式と同様に、[Ctrl]+[Shift]+[Enter]ではなく、[Enter]を押すだけで複数セルに値が表示されます。

## ●等分散性（homogeneity of variance）

ある種の推論的統計検定が立てる仮定。複数の標本がそれぞれ分散の等しい母集団を表しているとするもので、違反に対して完全ではないもののおおよそ堅牢だと考えられています。

## ●トレース図（trace plot）

マルコフ連鎖などが生成した標本を順にプロットした折れ線図。トレース図は、マルコフ連鎖の問題点を診断するために役立ちます。

## ●二項分布（binomial distribution）

2つの値のどちらかだけを取るベルヌーイ試行を一定回数繰り返したときの成功数の分布。ベルヌーイ試行の例としては、コイントスの結果が表か裏か、ダイスを振った結果が6か「6以外」かなどが挙げられます。

## ●二次近似（quadratic approximation）

正規曲線（ガウス曲線）に近似する事後分布。

## ●パイプ記号（pipe symbol）

R言語で主として引数リストの区切り子として使われる縦棒（|）の記号。

## ●標準偏差（standard deviation）

集められた個々の値とそれらの値の平均の偏差を二乗して平均した値（分散）の平方根。分布、特に正規分布（ガウス分布）で値のばらつきの度合いを示す便利で標準的な尺度となっています。正規分布は、平均と標準偏差で完全に定義できます。

●比率変数
　熱力学温度のように絶対零点を持つ連続変数。

●頻度分布（frequency distribution）
　分位数（または未加工の観測値）をx軸、個々の分位数の観測回数をy軸とするヒストグラムで表現されることが多い値の分布。

●頻度論者（frequentist）
　比較の手段として集団平均を使い、標本と仮説的な母集団を比較する統計手法を支持する統計学者、実務者のグループ。それに対し、ベイジアンは比較の手段として適切な確率分布を使って標本とコンピューターが生成した母集団を比較します。

●分位数（quantile）
　分布を等間隔の部分に分割する手法、またその部分。分位数は、パーセンタイル、四分位数、五分位数などの総称です。

●分散（variance）
　値の集合の平均値と集合に含まれる個々の値の差の二乗の平均。分散の平方根が標準偏差になります。標本数が少なければ、標本数そのものではなく、標本数から1を引いた値で割ると、分散の偏りが取り除かれます。このような場面での「標本数マイナス1」は、「自由度」と呼ばれます。

●分散分析（Analysis of Variance、ANOVA）
　2つ（または通常はもっと多数）の集団の平均の間に見られる差の「統計学的有意性」を判断するための検定。集団の間の分散を各集団内の分散で割ります。この比率があり得ないほど大きければ、少なくとも2つの集団の平均の平均は互いに異なると結論づけられます。

●平均（mean）
　算術平均（arithmetical average）のこと。値の合計を値の個数で割って求めます。

●平均の標準誤差（standard error of the mean）
　集団平均の標準偏差。頻度論統計学の手法では、平均の標準誤差は、標本標準偏差を標本数の平方根で割って推定されます。

●ベイジアン（Bayesian）
　トーマス・ベイズ（Thomas Bayes）が定式化した定理に根拠を置く統計学的検定のコレク

ションを採用する統計学者、実務者のグループ。ベイズの定理は、事前分布、尤度、事後分布の関係を定義しています。

### ● 平坦事前分布（flat prior）
すべての分位数で値が同じになっている事前分布。

### ● 平方和積和（SSCP）
行列（sum of squares and cross products）主対角線に平方和、それ以外の要素に外積（クロス積）の総和を並べた行列で、行列代数で使われます。

### ● 変量因子（random factor）
より大きい因子水準の母集団から水準が無作為に選択される因子。病院や患者といった因子は、通常変量因子だと考えられています。実験には固定因子と変量因子の両方が含まれる場合があります。そのような実験から得られたデータの統計処理は、固定因子だけを使った統計処理とは異なるものになります。対照語は固定因子です。

### ● 母数（parameter）
旧来の頻度論統計学では、母数は母集団から算出されるのに対し、統計量は標本から算出されます。データ収集時に母集団が変化するという理由だけでも、母数は直接観測できないものとされています。ベイズ統計学でも母数が観測不能だということは変わりませんが、最大事後確率を持つ値として特定されます。

### ● マルコフ連鎖モンテカルロ法（Markov Chain Monte Carlo、MCMC）
ユーザーが指定した平均や分散といった分布特性を取り入れたサンプリング手法により事後分布から標本を生成する比較的高速な手法。

### ● 尤度（likelihood）
事前分布確立後に新しい事後確率の計算に先立って獲得したデータ、情報。

### ● 尤度に対する共役事前分布（conjugate prior to the likelihood）
事前分布と事後分布が同じ分布族なら、事前分布と事後分布は共役だと言われます。そして、事前分布自体は尤度に対する共役事前分布だと言われます。この条件が満たされるなら、事後確率を求める閉形式の式が得られ、積分計算が不要になる場合があります。

### ● 歪んだ（skewed）
非対称的な分布は歪んでいると形容されます。

### ●弱い事前分布（weak prior）

分位数の数が少なく、事前分布よりもずっと大規模な尤度を結合して得られる事後分布にほとんど影響を与えないような事前分布。

### ●リープフロッグ（leapfrog）

もっとも効果的に事後分布を説明するためにサンプラーが必要とするステップ数をリープフロッグステップと呼びます。

### ●離散変数（discrete variable）

2つの値の間に入る数が有限個の数値変数。たとえば、ダイスの目は1から6までの間で2、3、4、5の値しか取り得ず、2.5の目はないので、離散変数です。対照語は連続変数です。

### ●臨界値（critical value）

F、t、q分布などの分布で、観測値がその値を越えることはありえないと分析者が判断する値。臨海値は、分析者が選択した確率水準によって左右されます。

### ●連続変数（continuous variable）

2つの値の間に無限個の値がある変数（有理数や実数は含まれますが、整数は含まれません）。たとえば、気温がそうです。対照語は離散変数です。

# 索引

## 翻訳者プロフィール

**長尾 高弘**（ながお たかひろ）

1960年生まれ。東京大学教育学部卒。英語ともコンピュータとも縁はなかったが、大学を出て就職した会社で当時のPCやらメインフレームやらと出会い、当時始まったばかりのパソコン通信で多くの人と出会う。それらの出会いを通じて、1987年頃からアルバイトで技術翻訳を始め、その年の暮れには会社を辞めてしまう。1988年に株式会社エーピーラボに入社し、取締役として97年まで在籍する。1997年に株式会社ロングテールを設立して現在に至る。訳書は、上下巻に分かれたものも2冊に数えて百数十冊になった。著書に『長い夢』（昧爽社）、『イギリス観光旅行』（昧爽社）、『縁起でもない』（書肆山田）、『頭の名前』（書肆山田）、『抒情詩試論?』（らんか社）。翻訳書に『実用Git第3版』（オライリー・ジャパン）、『ロバストPython』（オライリー・ジャパン）、『詳解 システム・パフォーマンス 第2版』（オライリー・ジャパン）、『Web APIテスト技法』（翔泳社）、他多数。

## 日本語版監修者プロフィール

**上野 彰大**（うえの あきひろ）

東京大学生命科学研究科修了。大阪府堺市出身。新卒でIGPI（経営共創基盤）に入社した後、2018年12月に次世代オンライン薬局を運営するPharmaX株式会社（旧 株式会社YOJO Technologies）を共同創業。エンジニアリング責任者。また、アプリケーション設計・実装、統計・機械学習、ブロックチェーン、量子コンピュータなど、ITを中心に幅広く調査・実践するコミュニティ「StudyCo」運営者の1人。

| | |
|---|---|
| カバーデザイン | 海江田 暁(Dada House) |
| DTP | 株式会社シンクス |
| 協力 | 島村 龍胆 |
| 編集担当 | 門脇 千智 |

# ExcelとRで学ぶ ベイズ分析入門

2024年 4月30日 初版第1刷発行

| | |
|---|---|
| 著　者 | Conrad Carlberg |
| 翻　訳 | 長尾 高弘 |
| 日本語版監修 | 上野 彰大 |
| 発行者 | 角竹 輝紀 |
| 発行所 | 株式会社マイナビ出版 |
| | 〒101-0003 東京都千代田区一ツ橋2-6-3 一ツ橋ビル 2F |
| | TEL：0480-38-6872（注文専用ダイヤル） |
| | 03-3556-2731（販売） |
| | 03-3556-2736（編集） |
| | E-mail：pc-books@mynavi.jp |
| | URL：https://book.mynavi.jp |
| 印刷・製本 | 株式会社ルナテック |

Printed in Japan.
ISBN978-4-8399-8434-2